MARTIN HÄUSSERMANN

# E-Bike

## MODELLE / TECHNIK / FAHRSPASS

DELIUS KLASING VERLAG

» AUS DER MODERNEN ALLTAGSMOBILITÄT IST DAS E-BIKE NICHT MEHR WEGZUDENKEN. «

DELIUS KLASING

BROMPTON
ELECTRIC
BROMPTON
SCHWALBE

FLYER

» DER ELEKTROMOTOR GLEICHT LEISTUNGSUNTERSCHIEDE AUS UND VERSPRICHT FREIZEITSPASS. «

» ARTGERECHT EINGESETZT WIRD DAS E-MTB ZUM REINRASSIGEN SPORTGERÄT. «

DT SWISS

tern

» DAS TAXI MAMA FUNKTIONIERT AUCH UMWELTFREUNDLICH UND STRESSFREI. «

FLYER

## LIEBE LESERIN, LIEBER LESER,

ein bisschen fühle ich mich als Pionier. Als das erste E-Bike in unserer Garage stand, das ist nun mehr als zehn Jahre her, wurde ich von Freunden, Bekannten, Sportkameraden und Nachbarn mit mitunter missbilligenden Blicken angeschaut. »Du bist doch noch nicht so alt, dass du schon einen Motor brauchst«, war noch eine der freundlicheren Bemerkungen. Solche Aussagen können nur Menschen von sich geben, die das, was sie kritisieren, nicht aus eigener Erfahrung kennen. Ihnen habe ich regelmäßig geantwortet: »Bevor ihr urteilt, solltet ihr es zumindest einmal selbst ausprobieren.« Getreu dem Motto: Versuch macht klug. Und siehe da: Die meisten Kritiker von einst sind heute selbst E-Biker. Viele meiner Nachbarn – zwei kommen auch in diesem Bookazine vor – lassen heute gern ihr Auto stehen und fahren mit dem Pedelec zur Arbeit.

Das tut meine Frau schon seit gut sieben Jahren. Sie ist Ärztin und fährt tagtäglich – bei Wind und Wetter – in ihre Praxis. So kommt sie frisch und wach zur Arbeit – und kann auf dem Heimweg zumindest ein bisschen Stress herausradeln. Mein jüngerer Sohn schwang sich schon mit 13 Jahren aus jugendlichem Forscherdrang auf ein Test-E-MTB und war bei gemeinsamen Ausflügen immer auf der Suche nach Steigungen, die er mit Karacho hinaufdonnerte. Die übrige Zeit blieb er begeisterter Biobiker. Heute ist er Führerscheinbesitzer – und nutzt dennoch meist (Papas) E-Bike, um zur Schule zu kommen. Der große Sohn schließlich liebt es, mit dem MTB durch den Matsch zu wühlen – mal mit Stromunterstützung, mal ohne. Wir haben alle auch noch rein muskelbetriebene Fahrräder und nutzen mal dieses, mal jenes – auch im Urlaub.

Nun ist nicht jede Familie so fahrradverrückt wie meine, und manche kämpfen – wir übrigens auch – mit Platzproblemen. Dann wird, und das ist oft so, das bisherige gegen ein E-Bike getauscht. Dass bei der Suche jemand nicht fündig wird, ist eigentlich fast nicht möglich. Denn die Fahrradindustrie hat wirklich jeden Fahrradtypus elektrifiziert. Vom einfachen Cityrad über das Mountainbike bis hin zum mächtigen Lastenrad – alles ist mit Motor zu haben. Lesen sie dazu auch das Kapitel »Typenkunde«.

Und lassen Sie sich bitte nicht einreden, E-Bikes seien nur für ältere, unsportliche Leute adäquat. Das ist, mit Verlaub gesagt, Quatsch. Ganz im Gegenteil: E-Bikes bringen Menschen wieder dazu, sich zu bewegen, die bisher Hemmungen hatten oder Bedenken, unterwegs ans Ende der Kräfte zu gelangen. Auf der anderen Seite gibt es heute sogar – sehr sportliche – Rennserien, die mit E-Bikes gefahren werden. Das E-Bike gibt dem Fahrradfahren neue Perspektiven. Es dient als Reichweitenverlängerer oder als Leistungsausgleich innerhalb von Radgruppen. Auch darüber lesen Sie in diesem Bookazine.

Ich hoffe sehr, ich kann meine Begeisterung fürs E-Bike zumindest teilweise auf Sie übertragen. Und wenn Sie dieses nur aus Vernunftgründen kaufen, auch gut. Aber lassen Sie es dann nicht in der Garage stehen, fahren Sie damit! Zum Schluss noch eine persönliche Bitte: Setzen Sie immer einen Helm beim Biken auf. Entgegen der Aussage unseres Verkehrsministers Andreas Scheuer sehen moderne Helme keineswegs sch... aus, sicher ist aber: Helme können Leben retten.

Herzliche Grüße und allezeit gute Fahrt,

Ihr

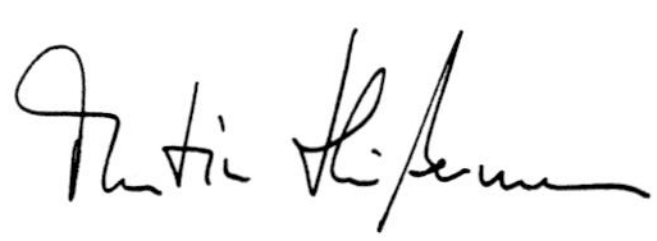

1

2

3

4

# FASZINATION PEDELEC

DIE E-IDEENSCHMIEDE – ZU BESUCH BEI RIESE & MÜLLER

E BLEIBT SPANNEND – DAS E-BIKE ROLLT WEITER

AUF DER ERFOLGSSPUR

1

# DIE E-IDEENSCHMIEDE

**MIT TATENDRANG UND INNOVATIONSFÄHIGKEIT HABEN MARKUS RIESE UND HEIKO MÜLLER AUS EINER GARAGENFIRMA EIN VERITABLES MITTELSTÄNDISCHES UNTERNEHMEN MIT 450 MITARBEITERN GEFORMT. 2009 STIEG RIESE & MÜLLER IN DIE ELEKTRIFIZIERUNG VON FAHRRÄDERN EIN. SEIT 2012 BAUEN DIE HESSEN NUR NOCH E-BIKES – UND DAS BIRDY.**

TEXT: MARTIN HÄUSSERMAN
FOTOS: PHILIPP HYMPENDAHL, MARTIN HÄUSSERMANN, RIESE & MÜLLER

Deutschland ist Ingenieurland. Da wundert es schon ein wenig, dass man bei der Elektromobilität so hinterherhinkt. Stopp. Das stimmt natürlich nicht so ganz. Denn bei der Elektromobilität auf zwei Rädern ist Deutschland ganz vorn dabei. 980.000 E-Bikes wurden laut Statistik im Jahr 2018 hierzulande verkauft – während in der gleichen Zeit nicht einmal 70.000 Elektroautos und Plug-in-Hybride neu zugelassen wurden. Zu dieser Erfolgsgeschichte des E-Bikes haben auch zwei höchst kreative deutsche Ingenieure maßgeblich beigetragen: Markus Riese und Heiko Müller, die vor gut einem Vierteljahrhundert ein Unternehmen gründeten, das heute jährlich rund 60.000 Premium-E-Bikes baut und in die halbe Welt verkauft.

Daran haben die beiden vermutlich nicht einmal ansatzweise gedacht, als sie 1992 in der elterlichen Garage an einem höchst innovativen Zweirad tüftelten. Kein E-Bike, das war damals kein Thema. Die beiden Maschinenbauer, die sich in den 80er-Jahren an der TU Darmstadt kennenlernten, waren beide auch aktive Radfahrer – Heiko eher der Racer, während Markus das Mountainbike bevorzugte. Und irgendwie waren sie auf der Suche nach einem Fahrrad, das sich einerseits so klein machen konnte, dass es problemlos in der Bahn oder im Auto mitgenommen werden konnte. Andererseits wünschten sich die ambitionierten Biker auch sehr gute Fahreigenschaften. Die damals erhältlichen Klappräder mit einem Faltgelenk im Rahmen erschienen den beiden buchstäblich zu klapprig und deutlich zu instabil. Bis Markus die Idee kam, man könnte doch beide Räder federnd lagern und die Drehgelenke der Federungen gleichzeitig auch zur Faltung nutzen: Das Birdy war geboren.

### VOM FALTRAD- ZUM E-BIKE-SPEZIALISTEN

In zehn Tagen – und diversen Nachtschichten – entwickelten und schraubten die beiden Tüftler einen Prototyp zusammen, der nach einer Idee von Heiko beim »Hessischen Innovationspreis 1993« vorgestellt werden sollte – und dort prompt einen Sonderpreis gewann. Eigentlich hätte ja nicht nur die Konstruktion einen Preis verdient gehabt, sondern auch die Namensgebung: Birdy wurde das vollgefederte Faltrad genannt, weil es nach der Meinung seiner Erbauer einem Vögelchen gleich über den Asphalt schwebte. Die Kreativität bei Produkten und Namensgebung ist bis heute gleich geblieben: Ein sportliches E-Bike heißt heute Charger, ein motorisiertes Lastenrad Load. Nur beim Firmennamen blieben die beiden sachlich und setzten ihn aus ihren beiden Nachnamen zusammen. Gemeinsam mit der promovierten Kauffrau Sandra Wolf, Ehefrau von

Die Premiumbikes von Riese & Müller entstehen in einer hochmodernen Fertigungsstätte im hessischen Mühltal.

WARNING

**»**
# IN MÜHLTAL TRIFFT FAHRRADBEGEISTERUNG AUF INGENIEUR- UND ORGANISATIONSKUNST.
**«**

Heiko Müller, bilden die beiden Ingenieure aktuell die Geschäftsleitung von Riese & Müller. Dabei sind die Aufgabenfelder klar verteilt: Markus Riese zeichnet für die technische Entwicklung der Produkte verantwortlich, Heiko Müller steuert das operative Geschäft, und Sandra Wolf widmet sich der Strategie und der Markenbildung.

Der Erfolg des Birdy motivierte die beiden Gründer, weitere vollgefederte Fahrräder zu entwickeln, 1997 die beiden Komfort-Cruiser Culture und Avenue, ein Jahr später kam das sportliche Delite hinzu. Fortan verkauften die Hessen ihre Bikes unter dem Firmenslogan »Gefedert radfahren«. Das Delite bildete auch die Basis für das erste Speed-Pedelec, das 2009 vorgestellt wurde. E-Bikes bekamen alle den Namenszusatz

Markus Riese (links), Heiko Müller (Mitte) und Dr. Sandra Wolf bilden das Führungstrio des E-Bike-Herstellers Riese & Müller.

## RIESE & MÜLLER

**Gründung: 1993 in Darmstadt**
**Mitarbeiter (2019): 450 (aus 40 Nationen)**
**Umsatz (GJ 18/19): 145 Millionen Euro (+ 38 % im Vergleich zum Vorjahr)**
**Geschäftsführung: Markus Riese, Heiko Müller, Dr. Sandra Wolf**
**Produktionsstätte: Seit 2019 in Mühltal bei Darmstadt**
**Grundstücksfläche: 40.000 Quadratmeter**
**Arbeits-, Produktions- und Lagerfläche: 22.000 Quadratmeter**

Erstes Rad in
Mühltal

» HEUTE SETZT RIESE & MÜLLER ZU 100 PROZENT AUF MITTELMOTOREN VON BOSCH. «

Das Faltrad Birdy – hier eines der ersten Generation – ist die Keimzelle des Fahrradherstellers (oben). Das Delite bildete die Basis des ersten S-Pedelecs.

Start ins E-Zeitalter mit dem Birdy der zweiten Generation (links), dem futuristischen Culture (Mitte) und dem Delite.

Pulverbeschichtete Aluminiumrahmen warten darauf, in den Montageprozess eingespeist zu werden.

Hybrid. Die ersten Schritte in Richtung Elektrifizierung tat Riese & Müller mit Radnabenmotoren des kanadischen Herstellers BionX, die aber den hohen Qualitätsansprüchen der beiden Ingenieure nicht dauerhaft standhalten konnten. So war auch das BionX-getriebene Birdy nur kurzzeitig im Verkaufsprogramm.

Dennoch entschieden Markus Riese und Heiko Müller im Jahr 2012, sich künftig auf E-Bikes zu konzentrieren. Eine zukunftsweisende Entscheidung in einem Jahr, in dem gerade einmal 380.000 E-Bikes in Deutschland verkauft wurden. Nicht ganz zufällig fällt die Entscheidung mit Markteinführung der Antriebe Active Line (City-Antrieb) und Performance Line (Touren/Sport) des Herstellers Bosch zusammen, der 2009 in den E-Bike-Markt eingestiegen war. Seitdem setzt Riese & Müller zu 100 Prozent auf die Mittelmotoren von Bosch und ist seinerseits mit der bereits erwähnten Jahresproduktion von 60.000 E-Bikes ein wichtiger Abnehmer. »Wir sind vom Mittelmotor überzeugt und sind auch von der Qualität überzeugt, die Bosch liefert«, sagt Heiko Müller, und Markus Riese ergänzt: »Das sind technisch hervorragende Produkte, die im Übrigen auch bei unseren Kunden einen guten Ruf haben.«

## DIE PRODUKTPALETTE UMFASST 21 MODELLE

Wir haben die beiden Gründer in ihrem neuen Domizil in Mühltal vor den Toren Darmstadts getroffen, gar nicht so weit entfernt von der Garage, in der alles begann. Rund 30 Millionen Euro hat das Unternehmen in den modernen Firmensitz investiert, der Anfang 2019 in Betrieb genommen wurde. Bis zu 700 Fahrräder kann Riese & Müller hier pro Tag bauen. Derzeit liegt man noch deutlich unter der Kapazitätsgrenze. Aber erstens wäre die mit der aktuellen Belegschaft von 450 Mitarbeitern gar nicht zu schaffen. Und zweitens war zum Zeitpunkt unseres Besuchs gerade Serienanlauf des 2020er-Modelljahres. Da werden Taktzeiten bewusst etwas verlängert, weil sich Abläufe erst einspielen müssen und die Qualität nicht leiden darf. Wobei: Als uns Pressesprecher Jörg Lange durch die Produktionshallen führt, gewinnen wir den Eindruck, dass hier eigentlich alles schon ganz gut flutscht. Aufgeregtheit oder gar Stress beobachten wir jedenfalls nicht, während wir durch die Halle gehen. Riese & Müller setzt auf eine stark arbeitsteilige Linienproduktion. Gerade wird eine Charge des Modells Supercharger für den englischen Markt gefertigt. Insgesamt 26 Stationen braucht es, bis aus dem nackten Rahmen ein fahrbereites E-Bike entstanden ist, das nach der Qualitätskontrolle am Ende der Produktionslinie gleich in den Versandkarton gehievt wird.

Derzeit werden in Mühltal 21 unterschiedliche Modelle gefertigt, die Teile dafür werden auf

» AN 26 MONTAGE-STATIONEN WIRD AUS EINEM NACKTEN RAHMEN EIN FERTIGES E-BIKE. «

ergotec
LLER

Max.Nutzlast
50Kg
191
OCS
Max.Nutzlast
50Kg
RIESE & MÜLLER

Laufräder baut Riese & Müller im eigenen Haus, und zwar streng auftragsbezogen.

Die fertigen Laufräder begleiten das dazugehörige Rahmenset an die Produktionslinie.

5.500 Palettenplätzen gelagert, mit kurzen Wegen an die Produktionslinie. Die meisten Komponenten wie Rahmen, Federgabeln, Sättel und natürlich die Elektroantriebe werden komplett angeliefert. Laufräder hingegen werden in alter Tradition noch selbst gebaut. Das hat zum einen Qualitätsgründe, zum anderen erhöht es die Flexibilität der Produktion. Schließlich kommen von der klassischen Shimano-Kettenschaltung über die stufenlose Enviolo-Nabe bis hin zur elektronisch schaltbaren Rohloff-Speedhub die unterschiedlichsten Schaltungskonzepte zum Einsatz. Produktion und Materialwirtschaft sind naturgemäß eng vernetzt. »So können wir schnell und flexibel reagieren, wenn Bestellungen eingehen«, sagt Lange. Wenn es wirklich mal besonders eilig sein sollte, kann Riese & Müller innerhalb von zwei Tagen nach Bestelleingang das Rad an den Händler ausliefern. Tatsächlich ist hier jedes Fahrrad nach einem vorliegenden Auftrag gefertigt. »Eine Vorratsproduktion wäre angesichts der hohen Varianz an Modellen, Farben und Ausstattungen nicht sinnvoll«, sagt Heiko Müller.

### MIT DEM RAD ZUR ARBEIT

Doch trotz der hohen Varianz haben die Hessen mit dem Delite Mountain gerade ein reinrassiges Sportgerät im Programm. »Tatsächlich konzentrieren wir uns in erster Linie auf die Alltagsmobilität. Wir wollen unseren Kunden Produkte anbieten, die eine ernst zu nehmende Alternative zum Auto sind«, sagt Heiko Müller. »Nachhaltigkeit ist für uns ein wichtiges Thema«, ergänzt Markus Riese. Dazu müsse man Produkte bauen, an denen die Kunden »sehr lange große Freude« haben. Und man muss sie natürlich auch selbst nutzen. Tatsächlich fahren beide, wie übrigens rund 60 Prozent der Belegschaft, fast täglich mit dem E-Bike zur Arbeit. Damit wollen sie nicht nur Vorbild sein, sie versichern beide glaubhaft, der Arbeitsweg mache auf dem Fahrradsattel einfach mehr Spaß als im Autositz. Außerdem dienen die Privatfahrten auch dazu, die eigenen Produkte ständig zu testen und zu verbessern, wie Markus Riese sagt: »Nur wenn wir selbst mit unseren Produkten zufrieden sind, können wir sie guten Gewissens verkaufen.« Auf die Frage, welches denn gerade ihr Lieblingsmodell aus der eigenen Produktion sei, sagen beide praktisch zeitgleich: »Das Load.« Das sei einfach »gnadenlos praktisch und vielseitig«. Um dies zu unterstreichen, erzählt Markus Riese – mit schelmischem Grinsen – noch eine Anekdote. Eine Nachbarin, alleinerziehende Mutter, habe ihm kürzlich gesagt, ihr Lasten-E-Bike sei, gleich nach der Waschmaschine, das wichtigste Gerät in ihrem Haushalt. Ein größeres Lob kann sich Markus Riese kaum vorstellen.

# E BLEIBT SPANNEND

**DAS E-BIKE ROLLT WEITER AUF DER ERFOLGSSPUR. VERKAUFS- UND NUTZERZAHLEN GEHEN JAHR FÜR JAHR NACH OBEN. NICHT OHNE GRUND. DER ELEKTROANTRIEB ERHÖHT DEN BEWEGUNGSRADIUS, SENKT DIE HEMMSCHWELLE, SICH AUFS FAHRRAD ZU SETZEN, UND GLEICHT LEISTUNGSUNTERSCHIEDE IN GRUPPEN AUS. VOM ENORMEN FAHRSPASS WOLLEN WIR HIER GAR NICHT REDEN – DEN SOLLTEN SIE SELBST ERFAHREN.**

TEXT: MARTIN HÄUSSERMANN
FOTOS: HÄUSSERMANN, HERSTELLER, PD-F

Wie sich die Zeiten ändern. Als der schwäbische Elektrotechniker und Tüftler Bernhard Sprenger 1983 ein altes Herrenfahrrad mit Komponenten aus dem Automobilbau zum ersten E-Bike umbaute, interessierte das die Geschäftsleitung seines Arbeitgebers Bosch nicht wirklich. Seine über das betriebliche Vorschlagswesen eingereichte Konstruktion eines E-Bikes wurde abgeschmettert. »Damals war man der Meinung, dass das Fahrrad ein Sportgerät sei und keinen Motor brauche«, erzählt der heute 78-jährige Ruheständler. Heute hat man es in dem weltweit tätigen Technologiekonzern begriffen, wie Claus Fleischer, Leiter von Bosch eBike-Systems, in einem handgeschriebenen Brief an Sprenger formulierte: »Ihre Erfindung war wohl ihrer Zeit weit voraus. Einer tollen Idee folgt ein langer Weg und daraus wird eine Erfolgsgeschichte.«

Inzwischen hat auch Claus Fleischer selbst erfahren, wie es ist, wenn man seiner Zeit voraus ist: »Als wir vor zehn Jahren angefangen haben, war es noch peinlich, als U50 auf einem Pedelec gesehen zu werden.« Als ambitionierter Mountainbiker erfuhr er selbst noch vor fünf Jahren, dass Sportler das E-Bike als einen »Verrat am Fahrrad« einstuften. Diese Ansicht hat sich offensichtlich stark geändert, wie die Abstimmung an den Ladenkassen der Fahrradhändler zeigt. Nach einer Statistik des Zweirad-Industrie-Verbands (ZIV) wurden 2018 rund 980.000 elektrounterstützte Fahrräder verkauft (2017: 720.000). Und auch 2019 setzt das E-Bike seinen Wachstumskurs weiter fort. Der ZIV schätzt, dass im ersten Halbjahr 2019 bereits rund 920.000 E-Bikes über den Handel abgesetzt wurden. Für das Gesamtjahr rechnet die Industrie deshalb mit über 1,1 Millionen verkauften Fahrzeugen. Dann hätte die Branche wie in den Jahren zuvor wieder im zweistelligen Prozentbereich zugelegt. Inzwischen ist das E-Bike – so stellt nicht nur Claus Fleischer fest – in der Mitte der Gesellschaft angekommen: »Das Pedelec hat sich zum Lifestyle-Fahrzeug entwickelt, das einen Beitrag zum Umweltschutz und zur Gesundheit des Fahrers leistet.«

## MIT MOTOR ÜBER DIE HEMMSCHWELLE

Da kann man kaum widersprechen. In vielen Städten herrscht dicke Luft, wortwörtlich und im übertragenen Sinn. Staus sind in deutschen Großstädten während des Berufsverkehrs zum Standard geworden. Das produziert Stress für jeden einzelnen Autofahrer und schlechte Luft für alle Menschen in der Stadt. Während Stadtplaner noch grübeln, wie das Problem zu lösen ist, hat bei vielen Betroffenen bereits ein Umdenken eingesetzt. Die Zahl der Berufstätigen, die vom Wohnort zur Arbeitsstätte mit dem Fahrrad pendeln, nimmt zu.

**Durch den Stadtverkehr zur Arbeit – dafür eignet sich das E-Bike bestens.**

brose

Mit der »Critical Mass« – hier in Stuttgart – werben Radler bundesweit für eine bessere Fahrradinfrastruktur in deutschen Städten.

## » DAS PEDELEC HAT SICH LÄNGST ZUM LIFESTYLE-FAHRZEUG ENTWICKELT. «

Wir stellen in diesem Bookazine übrigens einige Menschen vor, die Arbeitswege zwischen fünf und 20 Kilometer mit dem Pedelec zurücklegen. Auf Kurzstrecken innerhalb der Stadt ist das Fahrrad ohnehin unschlagbar effektiv. Das E-Bike fährt im Stadtverkehr im Durchschnitt nicht langsamer als ein Pkw, außerdem muss man nicht Zeit für die Parkplatzsuche vergeuden. Beim Einkaufen lässt sich das Bike meist direkt vor der Ladentür parken. Und wenn größere Einkäufe anstehen oder der Nachwuchs in die Kita gebracht werden muss, lässt sich das mit einem Fahrradanhänger oder einem Lastenrad bewerkstelligen.

Natürlich kann man all dies mit einem Fahrrad ohne Motorunterstützung tun. Aber: Mit elektrischem Rückenwind besiegt man leichter den inneren Schweinehund. Die Motorunterstützung senkt schlicht die Hemmschwelle, das Fahrrad zu nutzen. Claus Fleischer weiß aus einer Studie, dass E-Biker im Vergleich zu den anderen Radfahrern ihr Bike zwei- bis dreimal öfter nutzen und dabei die doppelte bis dreifache Strecke zurücklegen.

Und wer mit Motorunterstützung durch die Stadt zum Geschäftstermin radelt, kommt nicht verschwitzt an. Gerade in Städten mit anspruchsvoller Topografie, wie beispielsweise Stuttgart, sind das wichtige Argumente für ein E-Bike.

### LEISTUNGSUNTERSCHIEDE AUSGLEICHEN

Etwa die Hälfte aller E-Biker nutzen ihr Gefährt in der Freizeit und freuen sich darüber, beim Sonntagsausflug mal spontan links oder rechts von der geplanten Strecke abzubiegen. Dann werden sie nicht unterwegs mit hängender Zunge liegen bleiben. Der Motor wird notfalls zur Heimweghilfe. Auch älteren Menschen, oder solchen, die ein paar Kilos zu viel haben, nimmt

Ja, das geht: Ein ausgewachsenes E-Lastenrad schultert bei Bedarf auch eine Waschmaschine.

brose

Galt das elektrounterstützte Fahrrad des Tüftlers Bernhard Sprenger 1983 noch als Exot, ist es inzwischen längst in der Mitte der Gesellschaft angekommen.

der E-Antrieb die Scheu, sich mal wieder in den Sattel zu schwingen. Sie brauchen keine Angst zu haben, an der nächsten Steigung gleich absteigen zu müssen oder aus der Puste zu kommen. Auf dem E-Bike halten sie ihr Herz-Kreislauf-System im Rahmen ihrer körperlichen Möglichkeiten in Schwung. Wer sich dann im Laufe der Zeit durch regelmäßiges E-Biken Kondition antrainiert hat, stellt einfach die Unterstützungsstufe zurück – oder auch mal ganz ab.

Außerdem hilft der Motor in vielen Fällen, Leistungsunterschiede auszugleichen. Der oder die Konditionsstarke kann sich auf einem analogen Fahrrad nach Herzenslust austoben, der oder die etwas Schwächere hält trotzdem mit – dank Motorunterstützung. Das ermöglicht ungleichen Paaren ebenso wie ganzen Gruppen gemeinsame Ausflüge mit Spaß für alle Beteiligten. Der Schreiber dieser Zeilen ist selbst Mitglied einer Radgruppe, bei der E- und Biobiker bunt gemischt sind. Sie wollen alle gemeinsam den Spaß an der Bewegung genießen – und etwas für ihre Gesundheit tun. Auch diese Gruppe werden wir im Folgenden (ab Seite 98) vorstellen.

Im Übrigen haben sich ja sogar schon Leistungssportler vom E-Bike überzeugen lassen – unter anderem deshalb, weil mithilfe des Motors die Trainingsintensität gut dosiert werden kann. Wer die Berichterstattung über die Tour de France 2019 verfolgt hat, dem ist vielleicht aufgefallen, dass selbst Rennsportprofis das E-Bike schätzen. So fuhr der spätere Tour-Vierte Emanuel Buchmann vom Team Bora-hansgrohe entspannt mit dem E-Bike zur Pressekonferenz.

Für viele Biker ist der Motor aber auch einfach nur ein Spaßbeschleuniger. Zum Beispiel für die meist jungen und jung gebliebenen Mountainbiker, die nicht unbedingt konditionelle Defizite aufweisen. Die fahren gern steile, diffizile Singletrails – die sie nun genauso gut und genussvoll bergauf wie bergab fahren können. Uphill Flow heißt hier das Zauberwort.

## DIE E-BIKE-WELT IST BUNT GEWORDEN

E-MTBs sind innerhalb des E-Bike-Marktes seit einigen Jahren das am stärksten wachsende Segment. In Deutschland lag der Anteil an verkauften E-MTBs 2019 laut einer Statistik des ZIV bei rund 25 Prozent. An der Spitze der Modellkategorien liegen allerdings nach wie vor E-Urban-Bikes (33 Prozent) und E-Trekkingbikes (35 Prozent), die vielfach von E-MTBs abgeleitet sind. Es gibt heute eigentlich keine Fahrradkategorie, die nicht auch elektrifiziert erhältlich ist. Waren anfangs nur meist konservativ gestaltete und schwerfällige Tiefeinsteiger erhältlich, die vorzugsweise älteren Menschen das Fahrradfahren erleichtern oder ermöglichen sollten, ist die E-Bike-Welt inzwischen sehr bunt geworden – und spricht vermehrt nun auch jüngere Menschen an. Mit hippen Urban-Bikes, E-Mountainbikes, Lastenrädern und sogar elektrisch unterstützten Rennrädern. Was diese Modellkategorien auszeichnet, erfahren Sie ebenfalls auf den folgenden Seiten. Das Reha-Image von einst hat das E-Bike heute jedenfalls abgelegt, es ist zum modernen und umweltschonenden Lifestyle-Gefährt geworden. Aber das sagten wir ja schon.

# TEST & TECHNIK

TYPENKUNDE
DIE WICHTIGSTEN MOTOREN
KLEINE AKKU-KUNDE
BIKEFITTING
KAUFBERATUNG

2

# DAS TREKKINGBIKE

Etwa ein Drittel aller in Deutschland verkauften Fahrräder sind Trekkingbikes. Ursprünglich als Räder für längere Touren und Radreisen konzipiert, haben sich Trekkingbikes längst als ideale Alltagsfahrzeuge etabliert und sind auch bei Pendlern sehr beliebt. Sie sind in allen gängigen Rahmenformen verfügbar: mit Trapezrahmen (Damenrad), Diamantrahmen (Herrenrad) oder auch als Tiefeinsteiger.

## ALLTAGSTAUGLICHE AUSSTATTUNG

Typisch ist die alltagstaugliche Komplettausstattung mit Lichtanlage, Schutzblechen und Heckgepäckträger und Ständer. Wer gern auf Tour geht, schätzt einen am Hinterbau montierten Ständer, der das Rad auch mit Gepäcktaschen beladen stabil hält. Während beim Rahmenmaterial Aluminium dominiert, hat der Käufer die Wahl zwischen klassischen 28-Zoll-Laufrädern mit vergleichsweise schmaler Bereifung oder auch breiten 27,5-Zoll-Reifen wie beim Mountainbike. Vielfach kommen auch weitere Komponenten aus dem MTB-Sektor zum Einsatz wie Kettenschaltung und Scheibenbremsen. Federgabeln sind in diesem Segment eigentlich Standard, besonders hochwertige Modelle verfügen

Velotraum ist einer der wenigen Hersteller, die Trekkingbikes auch mit Hinterrad-Nabenmotor anbieten.

## VELOTRAUM VK12E

**Preis:** ab 6.500 Euro
**Rahmenmaterial:** Aluminium
**Laufradgröße:** 27,5 Zoll
**Gewicht:** ab 26,5 kg
**Zulässiges Gesamtgewicht:** 140 kg
**Motor:** Nabenmotor im Hinterrad, Alber Neodrives Z20
**Akku:** Alber Neodrives; 612 Wh, 17 Ah, 36 V
**Schaltung:** Pinion-Getriebeschaltung am Tretlager, 12-Gang
**Bremse:** Scheibenbremse, Magura MT4

# IM DETAIL

1
Schlicht, übersichtlich und informativ präsentiert sich das Display am Lenker.

3
Die gekapselte Pinion-Getriebeschaltung in Kombination mit dem wartungsarmen Gates-Zahnriemen eignet sich perfekt für Vielfahrer.

2
Ein großer Taster mit Plus- und Minus-Zeichen regelt den Unterstützungsgrad. Rechts daneben der Hebel, mit dem man die Federgabel blockieren kann.

4
Der Alber-Neodrives-Radnabenmotor mobilisiert 400 Watt und kann bei Bergabfahrt auch in geringem Maß Strom produzieren.

Auf eine Hinterbaufederung hat Velotraum verzichtet. Eine Parallelogramm-Federsattelstütze entlastet stattdessen von Stößen.

sogar über Vollfederung. Bei Bikes mit starrem Heck verbessern Federsattelstützen den Sitzkomfort. Dem ureigenen Zweck des Trekkingbikes kommt der Einsatz von Elektromotoren entgegen, schließlich vergrößert er den Bewegungsradius.

### IDEAL FÜR VIELFAHRER

Das Velotraum VK12E ist die Ausnahme von der Regel – und gerade deshalb erwähnenswert. Statt des weit verbreiteten Mittelmotors kommt hier ein Nabenmotor im Hinterrad zum Einsatz. Kombiniert wird dieser mit einer komplett gekapselten Pinion-Getriebeschaltung und einem Gates-Zahnriemen. Das ist eine wartungsarme und vermutlich sehr langlebige Kombination. Schließlich muss der ohnehin robuste Zahnriemen nur die vom Fahrer erzeugte Pedalkraft übertragen, der elektrische Rückenwind wird in der Hinterradnabe erzeugt. Weiteres Plus: Der Radnabenmotor kann – allerdings nur in sehr überschaubarem Maß – bei Bergabfahrt Strom zurück in den Akku speisen (Rekuperation) und dient außerdem als verschleißfreie elektrische Zusatzbremse. Der Rahmen ist steif, sehr robust und scheint für die Ewigkeit gemacht. Er bietet in Kombination mit der Suntour-Federgabel und den breiten, schlechtwegetauglichen 27,5-Zoll-Reifen erstklassige Fahreigenschaften und auch auf langen Strecken guten Komfort. Auf die im Testrad verbaute Crane-Creek-Federsattelstütze würden wir nicht verzichten wollen. Ein tolles, allerdings nicht ganz günstiges Gefährt für den täglichen Weg zur Arbeit, Radreisen und lange Ausflüge.

# DAS CROSSOVER-BIKE

Die Idee stammt aus einer Zeit, als Trekkingbikes mehrheitlich mit 28-Zoll-Rädern und schmalen Reifen ausgestattet waren. Wer dann ein ebenso alltags- wie schlechtwegetaugliches Fahrrad haben wollte, schnappte sich ein Mountainbike – meist ein Hardtail – und stattete dieses mit Beleuchtung, Schutzblechen und Gepäckträger aus. Fertig war die eierlegende Wollmilchsau. Allerdings musste zuvor kräftig geschraubt werden, was dann entweder der handwerklich begabte Käufer oder eben der Händler des Vertrauens erledigte. Das muss heute nicht mehr sein, denn die Industrie erkannte den hohen Bedarf an solchen Fahrzeugen und bietet heute in ihren Katalogen neben nackten, sportlichen E-MTBs auch noch alltagstaugliche Varianten an.

Die Ausstattung mit Beleuchtung, Schutzblechen und Gepäckträger macht aus dem Hardtail-MTB einen schlechtwegetauglichen Tourer.

## FLYER GOROC2

**Preis: ab 3.800 Euro**
**Rahmenmaterial: Aluminium**
**Laufradgröße: 29 Zoll**
**Gewicht: ab 26 kg**
**Zulässiges Gesamtgewicht: 149 kg**
**Motor: Mittelmotor, Panasonic GX Ultimate**
**Akku: Flyer SIB-630: 630 Wh, 16,75 Ah, 36 V**
**Schaltung: Sram Eagle SX, 12-Gang**
**Bremse: Scheibenbremse, Shimano MT 520/500**

FLYER
MAXXIS

Der Akku fügt sich organisch ins Unterrohr ein. Ein nach hinten abfallendes Oberrohr schafft auch im Stand Bewegungsfreiheit.

# IM DETAIL

1

Das klar strukturierte Panasonic-Display wurde für Flyer personalisiert.

2

Das Bedienteil am linken Lenkerende steuert Motorunterstützung und Beleuchtung.

3

Der hoch angebrachte Scheinwerfer von Busch & Müller zeichnet sich durch hohe Leuchtstärke und gute Lichtverteilung aus.

4

Als Antrieb dient die neueste Mittelmotorgeneration von Panasonic, die mit einer Shimano-Kettenschaltung kombiniert wird.

» E-MTBS MIT STRASSENAUSSTATTUNG SIND HEUTE SCHON AB WERK ZU HABEN. «

### SCHICKER ALLESKÖNNER

Ein gutes Beispiel hierfür ist das Flyer Goroc2, das nichts anderes als die straßentaugliche Version des MTBs Uproc2 ist. Große 29-Zoll-Räder mit stark profilierten Maxxis-Reifen sorgen für hohe Fahrstabilität auf allen Wegen. Weil das Oberrohr stark abfällt, haben auch weniger groß gewachsene Biker ausreichend Bewegungsfreiheit. Ein stabiler Gepäckträger, an dem auch Packtaschen montiert werden können, trägt ebenso zur Alltagstauglichkeit bei wie die hochwertige Lichtanlage von Busch & Müller.

# DAS STADTRAD

Zur Post, zum Einkaufen, zur Arbeit – dafür nutzen Menschen, die in der Stadt leben, ihr Fahrrad sehr gern. Schließlich spart das Zeit, Geld und Nerven. Dafür braucht man nicht zwingend ein kraftvolles, schlechtwegetaugliches E-MTB. Bevorzugt werden eher nicht allzu schwere Citybikes mit nicht allzu breiter 28-Zoll-Bereifung. Da ist man gern auf asphaltierter Piste oder zumindest auf gut befestigten Wald- und Wirtschaftswegen unterwegs.

### GROSSE VIELFALT

Moderne E-Citybikes entsprechen komplett der StVO, haben also eine Lichtanlage mit LED-Scheinwerfern an Bord. Weil die Lichtanlage ihren Strom aus dem Bord-Akku bezieht, ist hier Standlicht Standard. Keine Angst: Selbst wenn der Akku keinen Strom mehr für den Antrieb liefert, das Licht bleibt da noch lange an. Die meisten E-Citybikes sind heute mit Federgabeln ausgestattet. Ergänzt durch eine – meist optionale – gefederte Sattelstütze ergibt sich auch auf Kopfsteinpflaster ein guter Fahrkomfort. Der

Die kleine Ladebuchse ist im Dreieck von Unter- und Sattelrohr versteckt (oben). Der Mahle-Motor wird von Laien kaum als E-Antrieb erkannt.

## CANNONDALE TREADWELL NEO EQ REMIXTE

**Preis:** ab 2.300 Euro
**Rahmenmaterial:** Aluminium
**Laufradgröße:** 27,5 Zoll
**Gewicht:** ab 15,2 kg
**Zulässiges Gesamtgewicht:** 120 kg
**Motor:** Nabenmotor; Mahle Ebikemotion X35 250 W
**Akku:** Mahle E-Bikemotion; 250 Wh, 36 V
**Schaltung:** 9-Gang-Kettenschaltung, Shimano Alivio
**Bremse:** Scheibenbremse, Tektro HD-R280

Das Cannondale ist ein preisgünstiger Lifestyle-Cruiser für Stadtbewohner.

Großteil der Stadtfahrräder wird mit Mittelmotoren angeboten. Bei den Schaltungen herrscht große Vielfalt. Kettenschaltungen sind ebenso erhältlich wie Nabenschaltungen. Manche dieser Nabenschaltungen (z. B. von Shimano) ermöglichen eine Rücktrittbremse, die sich gerade bei reiferen E-Bikern noch immer einer gewissen Beliebtheit erfreut – und mit je zwei Felgen- oder Scheibenbremsen ergänzt wird. Für Alltagsradler interessant sind auch die automatisierten Schaltungen von Shimano oder NuVinci.

### ELEGANTER ALLTAGSBEGLEITER

Fotografiert und ausprobiert haben wir in dieser Kategorie das Cannondale Treadwell Neo, ein schlankes, reduziertes Bike mit einem sogenannten Mixte-Rahmen, bei dem das Oberrohr sehr stark nach unten gezogen wurde. Das ermöglicht einen tiefen Durchstieg und auch das Radeln mit Rock. Angetrieben wird das Cannondale von einem Mahle-Ebikemotion-Nabenmotor im Hinterrad, der sehr sanft zur Sache geht und ein natürliches Pedaliergefühl vermittelt. Der reduzierte, stylishe Look gefällt. Praktischer veranlagte Naturen werden wohl dennoch noch einen Heckgepäckträger dranschrauben. Das schraubt den ohnehin günstigen Einstiegspreis auch nicht mehr in astronomische Höhen.

# DAS E-MTB

Ein bisschen ist das Mountainbike der SUV unter den Fahrrädern. Es ist technisch hochwertig, wird als Alleskönner geliebt, dabei aber nicht immer artgerecht bewegt – viele Mountainbikes sind in unterschiedlichen Umbaustufen, teilweise mit Schutzblechen oder aufsteckbarer Beleuchtung als Stadträder unterwegs – siehe auch »Cross-over-Bike«. Das Grundprinzip ist aber klar: Ein Mountainbike verfügt über breite, grobstollige Bereifung, ist üblicherweise mit einer Federgabel ausgestattet oder gar vollgefedert und von robuster Machart. Die Federung sorgt nicht nur für Komfort. Sie soll auch in anspruchsvollem Gelände den maximalen Kontakt zum Untergrund herstellen und so Fahrspaß und - sicherheit verbessern.

## SPORTLICH MIT MOTOR

Die Elektrifizierung hat gerade beim MTB rasend um sich gegriffen. Das ist für die Puristen unter den Mountainbikern schon beinahe ein Sakrileg – ähnlich wie es die Einführung leichter Carbonrahmen in der Vergangenheit schon war. Jegliche Veränderung wird zunächst als

Cannondale kann auch anders: Das Habit eignet sich bestens für flotte Ritte durch Wald und Flur.

## CANNONDALE HABIT NEO 4

**Preis:** ab 4.500 Euro
**Rahmenmaterial:** Carbon/Aluminium
**Laufradgröße:** 29 Zoll
**Gewicht:** 23,5 kg
**Zulässiges Gesamtgewicht:** k. A.
**Motor:** Mittelmotor, Bosch Performance CX 250 W
**Akku:** Bosch Powertube, 500 Wh, 36 V
**Schaltung:** 12-Gang-Kettenschaltung, SRAM SX Eagle
**Bremse:** Scheibenbremse, Sram Level T hydro disc

# IM DETAIL

1

Das Habit ist mit einem RockShox-Fahrwerk ausgestattet, dessen Federweg (vorn: 140 mm, hinten: 130 mm) viel Komfort auf ruppigen Trails bietet.

3

Ein von Cannondale entwickeltes Skid-Plate schützt den Bosch Performance 2020 vor Beschädigungen.

2

Als Steuerzentrale dient das schlichte, aber funktionelle Purion-Display am linken Lenkerende.

4

Die SRAM-Eagle-Kettenschaltung bietet eine große Übersetzungsbandbreite, da findet sich immer ein passender Gang.

Die Mischung aus Carbon und Aluminium verleiht dem Rahmen nicht nur eine hübsche Optik, sondern liefert auch ein überzeugendes Fahrverhalten.

unsportlich angesehen. Dabei bringt der Motor im MTB nicht nur Erleichterung, er eröffnet dem Fahrer auch neue Möglichkeiten. Dank Motor kann man den steilen Singletrail, den man bisher nur abwärts gefahren ist, nun auch aufwärts mit maximalem Spaß bewältigen, die Spezialisten sprechen hier vom Uphill Flow. Damit dieser besonders harmonisch ausfällt, hat Bosch die eigens dafür abgestimmte Unterstützungsstufe »EMTB« geschaffen. Das Argument der Unsportlichkeit ist allein schon durch die Einführung spezieller Rennformate für E-MTBs ad absurdum geführt. Technisch ist das E-MTB eng mit dem analogen Mountainbike verwandt. Allerdings wird es durch Motor und Akku deutlich schwerer. Das Wesentliche aber bleibt: Man muss weiterhin selbst in die Pedale treten. E-Mountainbiken ist Sport.

### SPIELERISCH DURCHS GELÄNDE

Das Cannondale Habit ist ein feines Sportgerät, das nicht nur MTB-Profis glücklich macht. Dank einer ausgewogenen Geometrie und der wenig extremen Sitzposition kommen auch Einsteiger gut damit zurecht. Das Handling des 29er Fullys (140/130 mm Federweg) würden wir als geradezu spielerisch bezeichnen. Dazu kommt eine Schaltung, deren Übersetzung auf steilen Bergaufpassagen den Schrecken nimmt. Erfreulich: Auch mit voller Unterstützung und im niedrigen Gang neigt das Habit nicht zum Steigen und lässt das Vorderrad brav auf dem Boden. Auch im Sitzen übrigens, was dem Grip zuträglich ist. Wir fanden bereits das getestete Einsteigermodell Neo 4 klasse. Das mit feinsten Komponenten garnierte Topmodell für rund 8.000 Euro ist dann eher etwas für Profis.

# DAS E-RENNRAD

E-Rennräder sind in Deutschland ein Nischenprodukt. Nur zwei Prozent aller hierzulande verkauften Räder sind Rennmaschinen, sagt der Zweirad-Industrie-Verband (ZIV). Eine eher bescheidene Zahl, dennoch macht die Elektrifizierung auch vor dem Rennrad nicht Halt.

### MOTOR ALS HELFER IN DER NOT

Die Definition eines Rennrads ist eigentlich ziemlich eindeutig: schmale Reifen auf 28-Zoll-Felgen, der charakteristisch nach unten geschwungene Lenker und kaum Zubehör, das nicht der reinen Fortbewegung auf der Straße dient. Rennräder sind Fahrmaschinen. Punkt. Doch diese harte Definition weicht zunehmend auf. Mittlerweile werden die Reifen breiter und profilierter, um den Renner auch mal abseits der asphaltierten Straßen bewegen zu können – der Trend hört auf den Namen Gravelbike. Auch die vom Mountainbike gewohnten Scheibenbremsen halten auf breiter Front Einzug. Und sogar der E-Motor findet hier und da seine Fans. Dabei wird der Elektromotor weniger als permanenter

Ob auf Asphalt oder Schotter: Das Centurion Overdrive gibt sich stets sehr agil.

## CENTURION OVERDRIVE GRAVEL Z4000

**Preis:** 5.600 Euro
**Rahmenmaterial:** Carbon
**Laufradgröße:** 28 Zoll
**Gewicht:** 13,4 kg
**Zulässiges Gesamtgewicht:** k. A.
**Motor:** Motor-Akku-Einheit im Unterrohr, Fazua Evation 250 W
**Akku:** Fazua Evation; 250 Wh
**Schaltung:** 2x11-Gang-Kettenschaltung, Shimano Ultegra R8000
**Bremse:** Scheibenbremsen, Shimano Ultegra R8000

CENTURION

## IM DETAIL

1

Ultegra-Schaltbremshebel sorgen für standesgemäße Gangwechsel und Verzögerung.

3

Die Shimano Ultegra bietet mit elf Zahnkränzen hinten und zwei vorn eine große Übersetzungsbandbreite.

2

Die LEDs zeigen nicht nur den Ladezustand des Akkus an, ihre Farbe informiert auch über den gewählten Unterstützungsgrad. Grün steht für Eco, Blau für Tour, Rot für Sport.

4

Die Fazua-Akku-Antriebseinheit ist formschlüssig im Unterrohr untergebracht – und kann dort sicher verschlossen werden.

Durch die gelungene Antriebsintegration wird das formschöne Centurion nicht auf Anhieb als E-Bike erkannt.

Antrieb, sondern mehr als Nothelfer in bestimmten Situationen verstanden. So wird dem Fahrer etwas von dem Leiden am Berg oder der Quälerei im Gegenwind genommen.

## RENNRADFEELING VOM FEINSTEN

Dafür eignen sich kleine, nicht allzu schwere Nabenmotoren von Mahle Ebikemotion, oder man setzt auf das System des deutschen Herstellers Fazua, mit dem auch unser Testrad Centurion Overdrive Gravel Z4000 ausgestattet war. Motor und Akku bilden eine 3,2 Kilogramm schwere Einheit, die eine Nennleistung von 250 W und eine maximale Leistung bis 400 W bietet – bis zu einer Geschwindigkeit von 25 km/h. Wer darüber hinaus Gas geben möchte, profitiert davon, dass der Fazua-Motor, wenn er nicht unterstützt, keinen spürbaren zusätzlichen Widerstand bietet. Dann fährt sich der E-Renner wie jedes andere Rennrad. Oder eben wie ein Graveler. Wir waren vom ebenso handlichen wie spritzigen Centurion begeistert. Der geforderte Preis von 5.600 Euro ist absolut gesehen sicher nicht wenig, aber wenn man das Wettbewerbsumfeld betrachtet, macht Centurion hier ein gutes Angebot.

Schließlich bekommt man dafür ein mit rund 14 Kilogramm vergleichsweise leichtes E-Bike mit Carbonrahmen. Für Pendler käme außerdem das günstigere Gravel 4000 GT mit Aluminiumrahmen, Schutzblechen und Gepäckträger in Betracht (ca. 4.300 Euro). Die Beleuchtung müsste man allerdings nachrüsten.

# DAS E-LASTENRAD

Menschen, die regelmäßig viel transportieren wollen oder müssen, nutzen immer häufiger Lastenräder. Diese werden meist zum Gütertransport gebaut, können aber mit entsprechender Zusatzausstattung auch als Kindertransporter genutzt werden. Die Vielfalt der Bauformen ist enorm, die Lasten können vor oder hinter dem Fahrer transportiert werden. Neben vielen zweirädrigen Konzepten sind auch unterschiedliche Dreiräder erhältlich. Allen Lastenrädern gemein sind sehr stabile Rahmen, ausladende Gepäckträger und teils sehr lange Radstände. Sie ermöglichen hohe Zuladungen – und zwar ohne Sorgen um einen Parkplatz, Umweltzonen oder Spritpreise. Gerade für Fahrer von Lastenrädern ist der Elektromotor eine willkommene Unterstützung. Vor allem beim Anfahren, aber natürlich auch bergauf hilft er beim Handling des beladenen Rads – und sein Mehrgewicht spielt beim ohnehin schwereren Cargo-Bike eine kleine Rolle.

Das Load von Riese & Müller eignet sich gleichermaßen als Kindertransporter wie als Lastesel.

## RIESE & MÜLLER LOAD 60 ROHLOFF

**Preis: ab 7.500 Euro**
**Rahmenmaterial: Aluminium**
**Laufradgröße: hinten 26 Zoll, vorn 20 Zoll**
**Gewicht: ab 36,5 kg**
**Zulässiges Gesamtgewicht: 200 kg**
**Motor: Mittelmotor, Bosch Performance CX, 250 W**
**Akku: Bosch Cargoline: 36 V, 500 Wh, 13,4 Ah**
**Schaltung: 14-Gang-Getriebenabe Rohloff Speedhub E-14**
**Bremse: Scheibenbremse, Tektro**

# IM DETAIL

1

Die Kraft wird über einen Gates-Riemenantrieb an die Rohloff-Nabe übertragen. Eine Spannrolle hält den Riemen auch bei einfederndem Hinterbau stets unter Spannung.

2

Neben der Klingel ist der Fernlichtschalter sowie die Wahltaste für die elektronisch schaltende Rohloff-Nabe platziert.

3

Die Kiste mit zwei gurtgesicherten Kindersitzen kann als Extra dazubestellt werden

4

Die schlanke LED-Rückleuchte ist in der Dunkelheit aufgrund ihrer Leuchtkraft nicht zu übersehen.

Der lange Radstand und die ungewöhnliche Lenkerposition erfordern eine gewisse Eingewöhnungszeit. Danach lässt sich das Load aber durchaus flott bewegen.

» BEIM LASTENRAD IST DER MOTOR EINE WILLKOMMENE UNTERSTÜTZUNG. «

### LADEMEISTER MIT KOMFORT

Der Mercedes unter den E-Lastenrädern ist das Load von Riese & Müller. Es wird mit 60 oder 75 Zentimeter Ladelänge angeboten. Die Ladefläche befindet sich vor dem Fahrer in einer tiefen Position, was nicht nur das Be- und Entladen erleichtert, es verbessert vor allem auch die Fahrdynamik. Dank der Unterstützung des speziell für Lastenräder ausgelegten Bosch-Cargoline-Motors sowie der elektronisch schaltenden Rohloff-Getriebenabe ist es kein Problem, das Load bis zu seinem zulässigen Gesamtgewicht von 200 Kilogramm auszuladen. Großzügig dimensionierte hydraulische Tektro-Scheibenbremsen sorgen für souveränes Bremsverhalten.

# DAS E-FALTRAD

Das Fahrrad immer dabeihaben? Mit normalen Modellen leider kaum möglich. Ein Faltrad dagegen passt in jeden Kofferraum und darf auch im Bus oder im ICE mitgenommen werden. Falträder mit Motorunterstützung sind allerdings rar. Diese Nische belegt neben Victoria, Brompton und Flyer hauptsächlich der taiwanesische Hersteller Tern mit seiner Modellreihe Vektron, in der Bafang- und Bosch-Mittelmotoren zum Einsatz kommen. Wir zeigen hier das Modell Vektron P7i mit Bosch Active Line, das mit überraschend erwachsenen Fahreigenschaften überzeugt – der kleinen 20-Zoll-Räder zum Trotz. Ein Leichtgewicht ist es trotz seiner kompakten Form zwar nicht, doch lässt es sich mit etwas Übung in weniger als einer halben Minute zusammenfalten.

Gepäckträger und Packtaschen erhöhen die Alltagstauglichkeit des Tern Vektron. Darüber hinaus glänzt es mit tadellosen Fahreigenschaften.

## TERN VEKTRON P7I

**Preis:** ab 3.200 Euro
**Rahmenmaterial:** Aluminium
**Laufradgröße:** 20 Zoll
**Gewicht:** ca. 22,5 kg
**Zulässiges Gesamtgewicht:** 120 kg
**Motor:** Bosch Active Line; 36 V, 250 W
**Akku:** Bosch Power Pack, 400 Wh
**Schaltung:** 7-Gang-Nabenschaltung Shimano Nexus
**Bremsen:** Scheibenbremsen, Shimano

# DAS E-LIEGERAD/ TRIKE

Eine Alternative zur klassischen Fahrradsitzposition bieten Liegeräder, die seit den 80er-Jahren an Popularität gewonnen haben. Auf niedrigem Niveau zwar, aber immerhin. Besonders praktisch ist die Dreiradvariante, mit der man nicht umkippen kann. Dafür bietet sie, wie wir buchstäblich erfahren haben, viel Dynamik und Fahrspaß, erst recht, wenn sie von einem Elektromotor unterstützt wird. Dieser hilft dem Fahrer auch bergauf, wo er im Gegensatz zu seinen sitzenden Zweiradkollegen nicht in den Wiegetritt gehen kann. Der deutsche Hersteller HP Velotechnik bietet daher jedes Modell auch motorisiert an: mit Tretlagermotor oder Hinterradnabenmotor. Wir sind das Scorpion 26 plus Probe gefahren, das mit dem Shimano Steps E8000 angemessen motorisiert ist. Das »Plus« steht hier für die mit 57 Zentimetern recht hohe Sitzposition, bei den sportlicheren Skorpionen sitzt man deutlich tiefer. Trikes von HP Velotechnik lassen sich sehr individuell konfigurieren, weshalb bei Interesse ein Gang zum Fachhändler dringend angeraten ist.

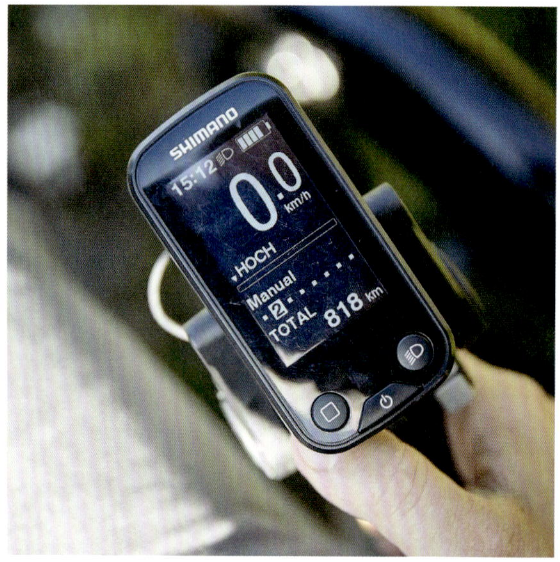

Elektronische Nabenschaltung und Tretlagermotor – beides von Shimano – harmonieren hervorragend.

## HP VELOTECHNIK SCORPION 26 PLUS

**Preis: ab 8.700 Euro**
**Rahmenmaterial: Aluminium**
**Laufradgröße: hinten 26 Zoll, vorn 20 Zoll**
**Gewicht: ab 26 kg**
**Zulässiges Gesamtgewicht: 170 kg**
**Motor: Tretlagermotor Shimano E8000, 36 V, 250 W**
**Akku: Shimano Steps; 504 Wh**
**Schaltung: 8-Gang-Automatik-Nabenschaltung, Shimano Nexus Di2**
**Bremse: Scheibenbremse, Tektro Auriga**

# DAS DESIGNBIKE

Das Auge fährt mit. Während früher ein Rad für die Stadt ausschließlich funktionell sein musste, so ist heute obendrein optischer Chic gefordert. Der moderne urbane Mensch begreift sein Fahrrad nicht mehr ausschließlich als Verkehrsmittel, sondern vor allem auch als Ausdruck seiner Persönlichkeit, seines Lifestyles. Da setzt man gern auf reduziertes Design. Das ist wahrscheinlich auch ein Grund, warum die sogenannten Single Speeds, also Fahrräder ohne Schaltung, bei den Hipstern so beliebt sind. Weglassen ermöglicht einen ungestörteren Blick auf die Rahmenarchitektur und spart obendrein Gewicht.

## ÜBERSICHTLICHES ANGEBOT

Diese Philosophie ist speziell bei E-Bikes eine gewisse Herausforderung. Motor, Akku und Steuerungselemente müssen so untergebracht werden, dass sie funktionieren, gleichzeitig aber die reduzierte Optik nicht stören. Daher ist das Angebot an solchen Bikes bisher noch ziemlich übersichtlich. Die in Estland ansässige Marke Ampler kümmert sich seit einiger Zeit um dieses

Das Eingangfahrrad von Coboc ist gestalterisch aufs Notwendigste reduziert. Deshalb lässt es sich auch einfach tragen.

## COBOC ONE BROOKLYN

**Preis:** ca. 3.700 Euro
**Rahmenmaterial:** Aluminium
**Gewicht:** 14,1 kg
**Zulässiges Gesamtgewicht:** k. A.
**Motor:** Radnabenmotor, Bafang 250 W
**Akku:** 36 V, 352 Wh
**Schaltung:** keine (Single Speed)
**Bremse:** Scheibenbremsen, TRP Slate X2

Der kleine Nabenmotor im Hinterrad gleicht die fehlende Schaltung zumindest teilweise aus und ermöglicht in der Stadt eine dynamische Fahrweise.

Segment. Die bei Szenekennern bekannte Marke Schindelhauer will dieses Jahr neben ihren schicken, rein muskelbetriebenen Designbikes nun auch welche mit Elektrounterstützung anbieten.

### BIKES VOM HEIDELBERGER START-UP

Coboc macht das schon seit rund sechs Jahren. Gegründet wurde die Marke von zwei fahrradverrückten Physikstudenten, die ihre Kasse mit der Tätigkeit als Fahrradkurier aufbesserten. Das merkt man ihren Produkten an: Sie sind leicht, technisch hochwertig und damit zuverlässig. Das ist für Fahrradkuriere essenziell. Aus dem Heidelberger Start-up ist ein von Kennern geschätzter Fahrradhersteller geworden, der seine Produkte, Rahmen und Motoren selbst entwickelt und weitgehend in Baden-Württemberg herstellt.

Wir zeigen hier das bei hippen Großstadtmenschen angesagte One Brooklyn. Optisch ist das aufs Allernötigste reduzierte Bike ein Leckerbissen, der hauseigene Akku steckt im Unterrohr, geladen wird er über einen schlanken Magnetstecker. Ladestandsanzeige und Motorbedienung sind dezent im Oberrohr untergebracht. Der fein ansprechende Motor lässt die fehlende Schaltung vergessen – ein Bike für Puristen. Wer praktische Features wie Lichtanlage, Schutzbleche oder Gepäckträger wünscht, ist mit der Coboc-Linie Seven besser bedient.

# DAS S-PEDELEC

Schnelle E-Bikes, die bis 45 km/h den Radfahrer mit Motorkraft unterstützen, sind in Deutschland in der Minderheit. Doch für Pendler stellen genau diese S-Pedelecs eine überlegenswerte Alternative zum Auto dar. Allerdings muss sich der Nutzer darüber im Klaren sein, dass er hier – rein rechtlich – ein Kraftfahrzeug bewegt.

### EIN S-PEDELEC IST EIN KRAFTFAHRZEUG

Pedelecs lassen sich zunächst in zwei Klassen einteilen. Die einen sind mit einem Motor ausgestattet, der maximal 250 Watt Nenndauerleistung zur Verfügung stellt und seine Unterstützung bei 25 km/h abregelt. Diese Gattung ist rechtlich Fahrrädern gleichgestellt. Man darf überall damit fahren, wo Fahrradfahren erlaubt ist: also auf den meisten Wald- und Wirtschaftswegen. Auf Radwegen sowieso. Es besteht auch keine Helmpflicht, wobei vernünftige Menschen immer einen Helm tragen.

Die sogenannten S-Pedelecs verfügen über Motoren mit Leistungen zwischen 350 und 500 Watt, die Pedalkraft bis mit maximal vierfacher Beinkraft unterstützen dürfen und deren Tretunterstützung erst bei 45 km/h abschaltet. Äußerlich erkennbar sind S-Pedelecs (auch E-Bike 45 genannt) durch seitliche Rückstrahler an der Gabel, den ebenfalls vorgeschriebenen Seitenspiegel – und vor allem am Versicherungskennzeichen, das seit 2015 auch beleuchtet sein muss. Auch eine Hupe ist bei S-Pedelecs neuerdings vorgeschrieben. »Als Richtschnur für die technische Ausstattung gilt immer die Zulassung des Fahrzeugs«, sagt Ulf-Christian Blume, Jurist und Unternehmensberater in der Radbranche, und ergänzt: »Ab 2016 neu typgenehmigte Fahrzeuge brauchen zum Beispiel ein Bremslicht, ältere S-Pedelecs dürfen auch ohne gefahren werden. Dieser Bestandsschutz bedeutet: Alles, was vorher dran war, muss auch wieder dran, und alles, was nicht dran war, darf auch nicht dran.« Umbauarbeiten, und seien sie noch so professionell ausgeführt, sind also nicht zulässig – außer man führt das Fahrzeug bei TÜV oder DEKRA vor und lässt die Veränderungen eintragen. Sonst erlischt unter Umständen die Betriebserlaubnis und damit auch der Versicherungsschutz.

### NUR MIT FÜHRERSCHEIN

Dieser ist für diese Fahrzeugklasse obligatorisch, wird sie vom Gesetzgeber doch als Kraftfahrzeug eingestuft, weshalb es auch erst ab 16 Jahren und mit dem Mofa-Führerschein (ist im Pkw-Führerschein enthalten) gefahren werden darf. Die Versicherungsprämie beträgt rund 100 Euro im Jahr, damit ist man nicht nur haftpflichtversichert, sondern kommt auch in den Genuss einer Teilkaskoversicherung – auf Wunsch und gegen Aufpreis auch ohne Selbstbeteiligung. Damit sind Diebstähle (vorausgesetzt, das Bike war ordentlich abgeschlossen) und auch Beschädigungen an der Elektrik abgedeckt. Dokumentiert wird der Versicherungsschutz durch das kleine Versicherungskennzeichen, das jährlich seine Farbe wechselt.

## M1 ZELL GT

**Preis: ca. 5.500 Euro**
**Rahmenmaterial: Carbon**
**Gewicht: 21 kg**
**Zulässiges Gesamtgewicht: k. A.**
**Motor: Mittelmotor, Brose 250 W**
**Akku: 36 V, 497 Wh**
**Schaltung: 10-Gang-Kettenschaltung, Shimano XT**
**Bremse: Scheibenbremsen, Magura MT5/Mt4**

Mit dem S-Pedelec ist der Radweg tabu. Rein rechtlich muss man mit diesem Bike auf der Straße fahren.

023
ZET
DT SWISS
SUPER MOTO-X

## IM DETAIL

**1**

Neue S-Pedelecs müssen ein Bremslicht und eine Kennzeichenbeleuchtung haben.

**2**

Die Rakete im Display signalisiert, dass der Brose-Motor nun volle Leistung liefert.

**3**

Scheinwerfer, Frontreflektor und neuerdings auch eine Hupe gehören zur Standardausstattung.

**4**

Der Brose-Mittelmotor unterstützt bis maximal 45 km/h und stemmt ein Drehmoment von maximal 90 Nm.

### INNERORTS SIND RADWEGE TABU

So weit, so gut, doch die Einstufung des S-Pedelecs als Leichtmofa hat auch Nachteile. So darf man damit innerorts nicht auf ausgeschilderten Radwegen fahren, sondern muss auf die Straße. Wald- und Forstwege, sofern nicht für Mofas freigegeben, sind ebenfalls tabu. Daher ist die schnelle Klasse für Freizeitradler eher ungeeignet, viele Pendler indes schätzen das S-Pedelec als umweltfreundliche Alternative zum Auto. Stau ist ihnen fremd und auch die Parkplatzsuche deutlich leichter. Allerdings ist die Routenplanung aufgrund der genannten Einschränkungen etwas komplexer als mit einem Fahrrad, unter Umständen muss man mit dem S-Pedelec Umwege fahren oder auf Hauptverkehrsstraßen ausweichen, was die Sache nicht angenehmer macht. Vor dem

Das Carbon-Bike M1 Zell GT ist von einem E-MTB abgeleitet und eignet sich gut für Pendler.

Kauf eines S-Pedelecs sollte der Interessent daher seinen Arbeitsweg und andere viel gefahrene Strecken prüfen.

»Das Radwegverbot für S-Pedelecs ist in meinen Augen der Hauptgrund für das geringe Wachstum dieser Fahrzeuggattung«, sagt Markus Riese, Mitinhaber des E-Bike-Herstellers Riese & Müller. Tatsächlich sind in Deutschland weniger als ein Prozent aller in den vergangenen Jahren verkauften E-Bikes solche von der schnellen Sorte. In der Schweiz, wo S-Pedelecs dem Fahrrad gleichgestellt sind, liegt der Anteil ungefähr bei einem Drittel. »Die 45-km/h-Räder bieten eine große Chance, mehr Pendler vom Auto aufs Zweirad zu bekommen«, meint Riese. Natürlich dürften S-Pedelecs auf Radwegen in Städten nicht 45 km/h fahren, das könne man aber über eine Geschwindigkeitsbeschränkung regeln. Genau das hat der Grünen-Politiker Boris Palmer, Oberbürgermeister der schwäbischen Universitätsstadt Tübingen, jetzt vorexerziert und exemplarisch einen Radweg für S-Pedelecs freigegeben und gleichzeitig das Tempo auf 30 km/h beschränkt. Ob dies allerdings die Bundespolitik, die letztlich die Straßenverkehrsordnung bestimmt, zum Umdenken bringt, bleibt abzuwarten.

## DIE WICHTIGSTEN MOTOREN

# WAS UNS ANTREIBT

**DER KUNDE HAT DIE QUAL DER WAHL, DENN MITTLERWEILE IST JEDE FAHRRADGATTUNG ELEKTRIFIZIERT. UND AUCH BEI DER WAHL DES ANTRIEBS STELLT SICH DIE FRAGE: MITTELMOTOR, FRONT- ODER HECKANTRIEB, WELCHES KONZEPT IST DAS BESTE FÜR MICH? WIR HELFEN IHNEN BEI DER ENTSCHEIDUNG UND NENNEN DIE DERZEIT WICHTIGSTEN MITSPIELER AUF DEM DEUTSCHEN MARKT.**

TEXT: MARTIN HÄUSSERMANN & PETER BARZEL

»Die Leute fahren gern Fahrrad. Und mit dem Motor nehmen wir ihnen eine der wichtigsten Ausreden, nicht zu fahren«, sagt Claus Fleischer. Der Geschäftsleiter von Bosch eBike-Systems ist selbst ambitionierter Biker und weiß daher aus persönlicher und professioneller Sicht, wovon er redet. Und die Statistik gibt ihm Recht. Als Bosch vor zehn Jahren in das Geschäft einstieg, wurden gerade mal 150.000 elektrifizierte Fahrräder verkauft, 2018 kratzte man schon an der Million. Daran hat auch Bosch mit seinen technischen Entwicklungen einen maßgeblichen Anteil. Aber die Schwaben sind beileibe nicht die einzigen Akteure auf diesem Spielfeld. Deshalb wollen wir die Antriebssparte an dieser Stelle vorstellen und beginnen zunächst mit den einzelnen Antriebskonzepten, dann folgen die wichtigsten Marken und Typen.

### BESTSELLER MITTELMOTOR

Der Pedelec-Markt wird heute vom Mittelmotor dominiert. Etwa drei Viertel aller verkauften Bikes rollen mit diesem Antriebskonzept aus dem Laden. Die Vorteile liegen auf der Hand. Der Motor ist mittig am tiefsten Punkt des Fahrrads eingebaut. Wenn dann der Akku auch noch im Rahmendreieck eingebaut ist, sorgt das für einen tiefen Schwerpunkt und eine ausgewogene Gewichtsverteilung verbunden mit hoher Agilität und Fahrsicherheit. Der Mittelmotor lässt sich sogar mit Rücktrittbremsen kombinieren, was ungeübte und ältere Radler zu schätzen wissen. Der einzige Wermutstropfen: Der Verschleiß von Kette und Ritzeln ist im Vergleich zu anderen Antriebssystemen höher, schließlich wird hier bereits im Tretlager Muskel- und Motorkraft addiert und von dort über die Kette aufs Hinterrad übertragen. Zwar hat die Industrie für die höhere Belastung auch entsprechende Ketten im Angebot, doch aus eigener Erfahrung wissen wir, dass sich auch diese im Laufe der Zeit längen und etwa alle 2.000 Kilometer ein Austausch empfehlenswert ist. Die etwas teurere Alternative wäre ein wartungsarmer und standfester Zahnriemenantrieb, der dann mit einer Nabenschaltung kombiniert werden muss. Größter und wichtigster Anbieter in diesem Segment ist Bosch, der nicht nur in der Mittelmotorklasse, sondern über alle Antriebe hinweg Marktführer ist. Alternativen hierzu bieten der große Fahrradkomponentenhersteller Shimano mit seinem Antriebssystem Steps und der Automobilzuliefe-

Mittelmotoren dominieren den E-Bike-Markt. Marktführer Bosch präsentierte dieses Jahr eine neue Version seiner Top-Linie Performance Line CX.

BOSCH
PerformanceLine
CX
SRAM

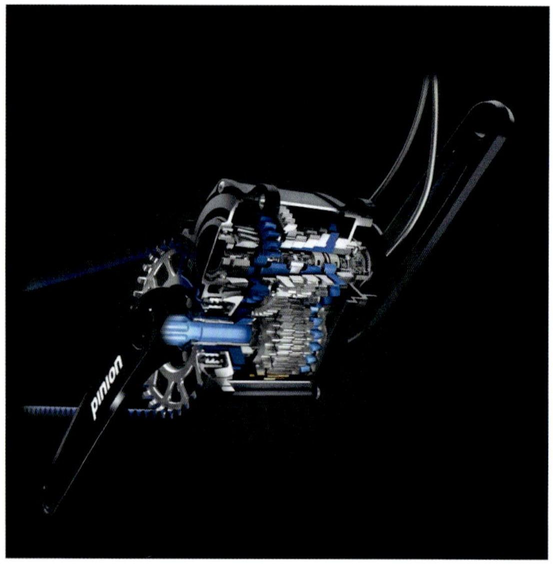


Mittelmotoren lassen sich gut mit Getriebenaben wie der Rohloff Speedhub E-14 kombinieren (links). Die Pinion-Getriebeschaltung eignet sich als Partnerin von Heckmotoren (rechts).

rer Brose. Weiterhin im Rennen sind die beiden Pioniere dieses Antriebskonzepts, Panasonic und Yamaha. Auf der Eurobike 2019 präsentierte sich als neuer Anbieter in diesem Segment außerdem Sachs Micromobility, ein Joint Venture der Firmen ZF, MAGURA, BFO und BMZ. Mit einem Serieneinsatz ist allerdings erst in naher Zukunft zu rechnen. Wer an dieser Stelle Continental vermisst: Der Automobilzulieferer hat sich still und leise aus diesem Markt zurückgezogen.

## NABENMOTOR IM HINTERRAD

Bei allen Erfolgen und Fortschritten der Mittelmotorsysteme, der Nabenmotor im Hinterrad hat keineswegs ausgedient. Seine technischen Vorteile: Er besticht durch Lautlosigkeit, einen hohen mechanischen Wirkungsgrad, außerdem stellt er die Kraft direkt da zur Verfügung, wo sie gebraucht wird, eben am Hinterrad. Die Belastung von Kette und Zahnriemen ist also so niedrig wie bei einem rein muskelbetriebenen Fahrrad. Außerdem kann der Nabenmotor – bei entsprechender Größe – als verschleißfreie Dauerbremse bei Bergabfahrten genutzt werden und speist dabei Strom in den Akku ein. Das wird als Rekuperation bezeichnet, doch eine nennenswerte Reichweitenverlängerung lässt sich dadurch bisher nicht erzielen. Nabenmotoren liefern beispielsweise die Hersteller Alber (Neodrives), Bafang und Mahle Ebikemotion. Die Hersteller BionX und Go Swissdrive, die dieses Segment lange intensiv bespielten, haben 2018 aus wirtschaftlichen Gründen aufgegeben.

## NISCHENPRODUKT FRONTANTRIEB

Der Frontantrieb ist in der Nische verschwunden. Denn außer, dass er billig und leicht nachzurüsten ist, gibt es nicht viele Kaufgründe. Nabenmotoren im Vorderrad sind allenfalls eine Hilfe bei Stadtfahrten, sie haben den Nachteil, dass die Traktion bergauf und auf losem Untergrund eher schwierig ist, außerdem beeinflusst der Frontantrieb auch die Fahr- und Lenkeigenschaften des Fahrrads negativ.

## ÜBERSETZUNGSKÜNSTE

Einen Vorteil des Frontmotors wollen wir nicht unerwähnt lassen: Die vollkommene Freiheit bei der Wahl der Schaltung. Aber keine Angst: Auch für Mittel- oder Heckmotor findet jeder ein passendes funktionales Schaltungssystem. Zum Beispiel die klassische Kettenschaltung, die sich mit wirklich allen Motorkonzepten kombinieren lässt. Auch mit dem Mittelmotor, der des Weiteren auch den Einsatz von Nabenschaltungen ermöglicht.

Als sehr zuverlässig und langlebig, dafür aber auch teuer, haben sich Naben des Herstellers Rohloff erwiesen, die wir selbst schon ausprobiert haben und Pendlern oder Radreisenden ans Herz legen möchten. Die gibt es neuerdings in der elektronisch schaltbaren Version E-14. In Kombination mit der E-Shift-Funktion von Bosch können sich Stadtradler und Tourenbiker auf eine schnelle Schaltperformance sowie eine leicht zu bedienende Schalteinheit mit Plus- und Minus-Taster freuen. Ein Tastendruck, und schon nimmt der Antrieb ganz kurz Last aus dem

Das KIOX ist das jüngste aller Bosch-Displays (links). Speziell für E-Lastenräder wurde der Motor Cargoline konzipiert (rechts).

System, und die Rohloff E-14 schaltet. Die Taste halten, und die E-14 schaltet in schneller Dreier-Sequenz alle 14 Gänge. Und beim Ampelstopp wird automatisch in den Anfahrgang zurückgeschaltet.

Komfortbewusste Radler wählen die stufenlos arbeitende und auf Wunsch automatisch schaltende NuVinci-Getriebenabe. Oder sie wählen das System Shimano Steps, bei dem die komplette Antriebseinheit vom Motor (inklusive Steuerung) bis zur elektronisch gesteuerten Nabenschaltung aus einer Hand kommt. Was uns hier besonders gut gefallen hat: Wenn das Fahrrad zum Stillstand gekommen ist, beispielsweise an einer roten Ampel, schaltet das System automatisch in den frei wählbaren Anfahrgang. So kommt man bei Grün sofort wieder problemlos vom Fleck.

Bei Heckmotoren fällt die Nabenschaltung natürlich weg, sodass die Käufer dieses Antriebskonzepts die Wahl zwischen der klassischen Kettenschaltung oder aber einer modernen Getriebeschaltung im Tretlager haben. Einziger Hersteller dieser wartungsarmen Getriebeschaltungen ist die schwäbische Firma Pinion, die von zwei ehemaligen Porsche-Entwicklungsingenieuren gegründet wurde.

Die ideale Verbindung von Pinion-Getriebe zum Heckmotor ist der Zahnriemenantrieb. Zahnriemen kennen wir als langlebige Kraftübertragung auch aus Automotoren. Am Fahrrad arbeiten sie annähernd geräuschlos, zuverlässig, wartungs- und schmierungsfrei. Die Fahrradbranche setzt hier meist auf Produkte des Herstellers Gates. Weil sich diese Zahnriemen – im Gegensatz zu einer Kette – auch unter hoher Last kaum längen, eignen sie sich auch hervorragend zur Kraftübertragung von Mittelmotoren auf Getriebenaben im Hinterrad.

## BOSCH
### MITTELMOTOREN MIT GETRIEBE

Bosch ist Weltmarktführer bei E-Bike-Antrieben. Vor gut zehn Jahren gründeten die Schwaben dafür einen eigenen Geschäftsbereich, Bosch eBike-Systems. Elektromotoren und ihre Steuerung sind den Schwaben als Automobilzulieferer und Hersteller von Elektrowerkzeugen vertraut. Entsprechend professionell wurden die Anforderungen und mögliche technische Lösungen analysiert und bewertet. Die Entscheidung fiel auf den Mittelmotor. 2011 ging die erste Generation in Serie, die in ihrer Form noch etwas gewöhnungsbedürftig war. 2013 kam die zweite Generation auf den Markt, aufgeteilt in Active Line (Stadt, Alltag) und Performance Line (Sport). Diese Motoren waren im Vergleich zum Erstlingswerk kleiner, leichter, harmonischer, effizienter und eleganter. Im Betrieb mit einer Kettenschaltung erkennt der Antrieb, wann geschaltet wird, und reduziert dann automatisch die elektrische Zusatzkraft für weiche und schonende Schaltvorgänge.

Als Abrundung nach oben wurde 2015 die Performance Line CX präsentiert, die zunächst für den sportlichen Einsatz in Mountainbikes konzipiert war. Speziell für E-MTBs hat Bosch

Als einziger Hersteller ermöglicht Yamaha die Montage von zwei Kettenblättern am Mittelmotor, was besonders Mountainbiker schätzen.

2018 außerdem eine eigene Unterstützungsstufe geschaffen, deren Ansprechverhalten und Leistungsentwicklung im Gelände Vorteile bringt. Während die Active Line bereits 2018 ein umfassendes Upgrade erfuhr, wurde für die Saison 2020 die Performance Line erweitert, neu ausdifferenziert und ist nun in neun unterschiedlichen Varianten zu haben, davon sind drei Speed-Motoren, die bis 45 km/h unterstützen. Brandneu sind die Motoren der vierten Generation, die allesamt kleiner und leichter sind als ihre nach wie vor erhältlichen Vorgänger. Im Einzelnen sind dies der Performance Line (MY20), Performance Line CX (MY20) sowie der Cargo Line, eine Sonderform des Performance Line, dessen Leistungsentwicklung speziell auf den Einsatz in Lastenrädern abgestimmt wurde. Sehr erfreulich: Der vielfach monierte Tretwiderstand bei abgeschaltetem Motor ist nun Schnee von gestern.

Vielfalt herrscht auch bei den Displays: Neben dem bekannten zentral montierten Intuvia-Display bietet Bosch noch das doppelt so große Nyon mit Navigationsfunktion oder das am Lenkerende montierte, sehr kompakte Purion an. Sportliche Biker können auch zum schlanken Kiox Bordcomputer greifen
*www.bosch-ebike.de*

## YAMAHA
## MITTELMOTOREN

Yamaha stellte 1993 das erste Serien-Pedelec vor und hat im Grunde mit seinem Power Assist System (PAS) das Pedelec-Prinzip erfunden sowie sich in Japan und Europa für die rechtliche Gleichstellung mit dem Fahrrad eingesetzt. Das hat dem E-Bike, wie wir es heute kennen, erst den Markt geöffnet. Bis Anfang der 2.000er-Jahre war Yamaha einer der führenden E-Bike-Hersteller. Mit dem Einbruch des ersten Booms Mitte der 2.000er-Jahre verschwanden auch die Yamaha-E-Bikes vom Markt. 20 Jahre nach dem ersten Serien-Pedelec kam Yamaha mit der »Next Generation« wieder in den Markt zurück. Der Antrieb ist auf der Höhe der Zeit mit drei Sensoren ausgestattet, Geschwindigkeits-, Kraft- und Trittfrequenzsensor. Hinzu kommt die sensorische Überwachung des Motors. Mit 3,5 Kilogramm ist er sehr leicht, und das maximale Drehmoment von 60 Nm ist enorm hoch. Zusätzlich bietet Yamaha die Möglichkeit, vorn zwei Kettenblätter zu montieren, was mancher Mountainbiker schätzt. Eine einfache Bedieneinheit zur Montage neben dem Lenkergriff dient zum An- und Ausschalten, zeigt den Ladezustand des Akkus, die gewählte Unterstützungsstufe, Restreichweite und Geschwindigkeit. Das komfortablere, zentrale Bedienungsdisplay mit Fernbedienung bietet dazu alle Fahrradcomputerfunktionen sowie Uhr und Temperaturanzeige.
*www.yamaha.com*

Als Vollsortimenter bietet Shimano neben dem E-Antrieb auch dazu passende elektronische Nabenschaltungen an.

## SHIMANO STEPS

### MITTELMOTOR MIT GETRIEBE

In der Regel gehört Shimano zu den Trendsettern, doch beim E-Bike haben sich die Japaner anfangs etwas zurückgehalten. Dafür haben sie ihren Mittelmotorantrieb Steps mit der bei Shimano üblichen Gründlichkeit entwickelt und in der Saison 2014/15 in den Markt eingeführt. Zum System gehört auch eine speziell entwickelte Kette mit einer reibungsärmeren Oberfläche, die den größeren Antriebskräften von Muskel- und Motorkraft länger widersteht. Aus dem Steps ist inzwischen eine ganze Familie geworden, für Stadt- und Tourenradler wurde der Steps E6000 und als jüngstes Produkt der Steps E6100 entwickelt. Mountainbiker haben die Wahl zwischen dem E7000 und dem E8000.

Als Marktführer bei Fahrradschaltungen hat Shimano den Steps-Antrieb so konzipiert, dass er sich für die Kombination mit Shimanos elektrisch betätigten Schaltungen der Di2-Familie eignet. Das hat gleich mehrere Vorteile. Eine elektrisch betätigte Schaltung verstellt sich nicht, schaltet schnell und präzise. Den Strom zum Schalten kann der Akku des Elektroantriebs liefern. Elektronisch kann der Zeitpunkt des Schaltens bestens mit dem Motorantrieb abgeglichen werden. Der elektrische Schalter für den Gangwechsel liefert das Signal, geschaltet wird dann im oberen oder unteren Totpunkt der Pedalkurbeln, wenn die Muskelkraft am niedrigsten ist. Zeitgleich wird dazu die Motorantriebskraft reduziert, und der Schaltvorgang läuft leise, schnell und verschleißarm ab. Verfügbar ist inzwischen auch eine automatische Schaltfunktion, die Geschwindigkeit und Trittfrequenz erkennt und analysiert – und dann in den optimalen Gang schaltet – vergleichbar einem Pkw mit Automatikgetriebe. Automatisches Schalten ist mit elektronischen 8-/5-Gang-Di2-Getriebenaben möglich.

*www.shimano-eu.com*
*www.paul-lange.de*

Seit rund sechs Jahren ist Autozulieferer Brose auch im Fahrradgeschäft und bietet mittlerweile ein beachtliches Sortiment an Mittelmotoren an.

## BROSE

### TYP: MITTELMOTOR MIT GETRIEBE

Mit Brose stieg nach Bosch der zweite deutsche Autozulieferer von Weltrang in das E-Bike-Geschäft ein. Brose ist Mechatronikspezialist und liefert Fenster- und Türschließsysteme, Sitzsysteme und elektrische Antriebe an mehr als 80 Automobilhersteller weltweit. Dabei steht der Name Brose für hohe Qualität und Leichtbau. Beides fließt auch in den Mittelmotorantrieb für E-Bikes ein. Basis für den ersten E-Bike-Motor war ein aus dem Automobilbau stammender Lenkungsmotor. Im Jahr 2010 hat Brose die Entwicklung des Antriebs gestartet, 2013 auf der Fahrradmesse Eurobike einen fahrfertigen Prototyp vorgestellt. Inzwischen ist daraus eine ganze Produktfamilie geworden, die vom Drive C (250 W, 50 Nm) für den urbanen Einsatz über den Drive T für Tourenräder und den sportlichen Drive S (beide 250 W, 90 Nm) für Mountainbikes bis hin zum TF-Speedmotor (bis 45 km/h) reicht. Außerdem hat sich Brose vom reinen Motorenbauer zum kompletten Systemlieferanten gemausert, der auch eigene Akkus und Steuereinheiten anbietet. Dennoch bleibt es ein offenes System, die Fahrradhersteller können Brose-Motoren auch mit eigenen Akkus und Displays kombinieren. Mittlerweile setzen rund 30 Fahrradmarken Brose-Antriebe ein.

Brose-Antriebe gehören zu den kompaktesten am Markt. Der besondere Clou ist ein zweistufiges Getriebe, das zum leisen Lauf und dem sanften, ruckfreien Zu- und Abschalten beiträgt. Besonders geschätzt wird die Freilauffunktion. Der Motor bietet keinen inneren Widerstand, das E-Bike fährt sich ohne Motoreinsatz wie ein gängiges Fahrrad.
*www.brose-ebike.com*

Mit der Motorisierung von Fahrrädern der Marke Flyer wurde Panasonic zum E-Bike-Pionier. Auch heute setzt Flyer wieder auf Panasonic.

PANASONIC

## MITTELMOTOR MIT GETRIEBE

Panasonic gehört zu den Pionieren bei E-Bike-Antrieben und war vor dem Markteintritt von Bosch Markt- und Technologieführer für Mittelmotoren. Panasonic-Motoren haben über Jahre vor allem die Bikes der Schweizer Marke Flyer angetrieben und bewährten sich in den gut 20 Jahren am Markt. Sie bewiesen ihre Robustheit und Zuverlässigkeit im Alltagsbetrieb sowie im E-Bike-Verleih. Erfahrung allein bringt aber keinen Erfolg, weshalb Panasonic seine Motorentechnik kräftig weiterentwickelte und 2015 mit einem 36-Volt-Motor auf den Markt kam, der das bewährte 26-Volt-System ablöste. Mit der höheren Betriebsspannung hat man sich zum einen dem Trend angepasst, auch wenn technisch im Komfort- und Alltagsbereich nichts gegen ein 26-Volt-System spricht. Zum zweiten treibt beim neuen System der Motor das Kettenblatt direkt an und nicht mehr über ein zusätzliches Motorritzel im Kettenzug. Damit ist nun eine kleine Schwäche und verschleißanfällige Komponente des alten Systems eliminiert. Als Drittes wurde die Kennlinie so angepasst, dass der Motor auch bei höheren Trittfrequenzen bis 85 Umdrehungen pro Minute unterstützt. Das kommt Vielradlern und sportlicheren E-Bikern sehr entgegen. Außer der klassischen Bedieneinheit und einem am Lenkergriff platzierten Bedienungsdisplay gibt es ein zentrales, beleuchtetes Display mit Fernbedienung, Fahrradcomputerfunktionen und mit USB-Anschluss zum Laden von Smartphone oder Navigationsgerät oder zum Anschluss eines Diagnosegerätes. Den Motor 36 V X0 gibt es in drei Varianten, eine davon speziell für MTBs konzipiert. Neu im Modelljahr 2018/2019 ist der GX0. Mit seinen 90 Nm Drehmoment liegt es gleichauf mit seinem Vorgänger.
*eu.industrial.panasonic.com*

Mit einem Flansch wird die Motorkraft aufs Tretlager übertragen. Die Motorantriebseinheit muss zum Laden herausgenommen werden.

## FAZUA
### MOTOR-AKKU-EINHEIT

Der Fazua Evation ist ohne Zweifel eine Besonderheit innerhalb der hier vorgestellten E-Bike-Antriebe. Zunächst lässt er sich nicht ohne Weiteres in eine der drei eingangs erwähnten Kategorien (Mittel-, Heck-, Frontmotor) einsortieren. Am ehesten passt er noch in die Kategorie Mittelmotor, ist aber kein Tretlagermotor. Es handelt sich vielmehr um eine Einheit aus Akku und Motor, die im Unterrohr des Fahrrads untergebracht ist. Ein solchermaßen ausgerüstetes E-Bike ist nicht auf Anhieb als solches zu identifizieren. Die Kraftübertragung erledigt ein speziell konstruiertes Tretlager, das nach allen Seiten abgedichtet ist. In diesem Tretlager – Bracket genannt – befindet sich auch ein Teil der Elektronik, die Drehmoment und Kadenz misst, um so die optimale Tretunterstützung zu ermitteln. Das System aus Bracket und Akku-Antrieb wiegt 4,6 Kilogramm und ist damit eines der leichtesten Antriebssysteme am Markt. Die Akku-Motor-Einheit wiegt zirka 3,3 Kilogramm und kann komplett herausgenommen werden. Dann – oder oberhalb der Abregelgeschwindigkeit von 25 km/h – fährt sich das Bike wie ein gängiges Fahrrad. Aber auch bei eingeschalteter Unterstützung liefert der Fazua Evation ein sehr natürliches Trittgefühl. Dieser Motor eignet sich hervorragend zur Unterstützung von Rennrädern und dient dort primär als Bergaufhilfe. Da stört es auch nicht, dass der Akku nur eine Kapazität von 250 Wh bietet, schließlich bewegt man sich in der Ebene und natürlich bergab im Geschwindigkeitsbereich über 25 km/h – da ist der Motor ohnehin abgeschaltet.
*www.fazua.com*

Der Nabenmotor produziert die Kraft dort, wo sie gebraucht wird, nämlich am Hinterrad. Das entlastet den Antrieb mit Riemen oder Kette.

## NEODRIVES
### HINTERRADMOTOR OHNE GETRIEBE

Neodrives ist die E-Bike-Eigenmarke der schwäbischen Firma Ulrich Alber GmbH aus Albstadt. Alber blickt als Weltmarktführer bei leichten Rollstuhlantrieben auf über 25 Jahre Erfahrung zurück, die auch den E-Bikes zugute kommt. Der aktuelle Neodrives Z20 (seit 2018) ist ein Direktläufer ohne Getriebe, bietet 250 Watt Nennleistung und ein maximales Drehmoment von 40 Nm. Die europäische Variante regelt bei 25 km/h ab. Eine S-Variante, die bis 45 km/h unterstützt, ist nicht verfügbar.

Neodrives bietet drei Unterstützungsstufen und fünf Fahrprofile, also fünf verschiedene Kennlinien mit unterschiedlich starker maximaler Unterstützungskraft. Ein Fahrprofil, meist das dritte, ist als Standard programmiert. Das Standard-Fahrprofil kann dauerhaft nur ab Werk oder vom Händler verändert werden und stellt sich bei jedem Einschalten des Systems ein. Temporär kann ein anderes der fünf Fahrprofile am Bedienungsdisplay eingestellt werden. Beim Ausschalten des Systems stellt sich dann aber immer das voreingestellte Standard-Fahrprofil wieder ein.

Die Rekuperation bietet zwei Stufen. Außerdem kann eine Maximalgeschwindigkeit zwischen 10 und 28 km/h eingestellt werden, ab der das System rekuperiert, der sogenannte Bremsassistent. Wird man schneller, bremst das System. Die Motorbremse ist aber begrenzt. Bei sehr steilen und langen Abfahrten muss auf jeden Fall zusätzlich die E-Bike-Bremse eingesetzt werden. Rekuperieren und Bremsassistent funktionieren nur, wenn der Akku nicht ganz voll ist (unter 90 Prozent).

Neodrives gibt es mit Vollachse und Achsmuttern oder mit Schnellspannachse. Es passen handelsübliche Zahnkranzkassetten (Shimano-Standard). Ist der Akku leer, schaltet der Motor automatisch auf Dynamobetrieb um.
*www.neodrives.de*

Zur Entwicklung des zwölf Kilogramm leichten De-Rosa-E-Bikes steuert Bafang seinen kompakten Mittelmotor M800 bei.

## MAHLE EBIKEMOTION

### NABENMOTOR FÜRS HINTERRAD

Mit der Firma Mahle ist ein weiterer großer Automobilzulieferer in das Geschäft mit der Elektrifizierung von Fahrrädern eingestiegen. Dazu hat die weltweit agierende Stuttgarter Firma 2018 das junge spanische Mittelstandsunternehmen Ebikemotion übernommen. Die daraus entstandene Firma Mahle Ebikemotion ist ein Systemanbieter, der neben dem Motor auch Akkus und Steuerelemente sowie Displays im Portfolio hat. Kernstück des Systems X35 ist der kleine Nabenmotor M1 (250 W; 2,1 kg) fürs Hinterrad, der in etwa die Größe einer Getriebenabe hat und mit Kettenschaltungen kompatibel ist. Er mobilisiert ein Drehmoment von 40 Nm und regelt bei 25 km/h ab.

Mit einem Systemgewicht von 3,5 Kilogramm nimmt Mahle Ebikemotions für sich in Anspruch, den leichtesten E-Bike-Antrieb weltweit anzubieten, wobei es sich hier wohl um ein Kopf-an-Kopf-Rennen mit Bafang handelt, das einen noch leichteren Nabenmotor offeriert. Niedriges Gewicht und kleines Einbaumaß machen das System ideal für die Elektrifizierung von Rennrädern und Designbikes, die nicht auf den ersten Blick als E-Bikes erkennbar sein sollen. Dazu trägt auch der kleine Akku bei, der dezent im Unterrohr verbaut wird, aber nur eine Kapazität von 250 Wh bietet. Als Reichweitenverlängerer ist ein Zusatz-Akku lieferbar, der in einem Trinkflaschenhalter Platz findet und die Kapazität verdoppelt.
*www.ebikemotion.com*

Ob ein Motor in einem Zeitfahrrenner Sinn ergibt, muss jeder für sich entscheiden.

## BAFANG

### MITTELMOTOREN, NABENMOTOREN FÜR HINTER- UND VORDERRAD

Bafang ist ein chinesischer Hersteller von Elektroantrieben, der auch in Europa tätig ist. Bafang entwickelt seit mehr als zehn Jahren Systemkomponenten und Komplettsysteme für Elektrofahrzeuge. Anfangs haftete den Chinesen der Ruf einer Billigmarke an, der aber durch kontinuierliche Entwicklungsarbeit und daraus resultierende, zeitgemäße Produkte ausgeräumt ist. Die Chinesen bieten Mittelmotorsysteme in mehreren Varianten sowie Nabenmotoren für Hinter- und Vorderrad an. In die aktuelle Saison fährt Bafang unter anderem mit drei Mittelmotorsystemen. Da ist zum einen der M420 für Stadt- und Trekkingräder, eine Weiterentwicklung des M400-Systems (ehemals Max Drive). Die neue Version arbeitet mit einer Nennleistung von 250 Watt sowie einem maximalen Drehmoment von 80 Nm bei einer EU-zugelassenen Unterstützung bis 25 km/h. Für MTBs entwickelt wurde das System M500 mit 250 Watt Nennleistung und einem maximalen Drehmoment von 96 Nm. Speziell für Rennräder wurde das M800-System konzipiert. Der Motor erlaubt den Einsatz von Einzel- oder Doppelkettenblättern (Kettenblattgröße 44 oder 34/50). Damit liegt das Gesamtgewicht des Systems bei weniger als 4,4 Kilogramm, einschließlich Display und Bedieneinheit. Allerdings leistet der Motor nur 200 Wh und bringt ein maximales Drehmoment von 50 Nm, ist also eher als Anfahr- und Bergauffahrhilfe gedacht und nicht für den Permanentbetrieb. Stellvertretend für das umfangreiche Angebot an Nabenmotoren erwähnen wir hier den Mini-Hub für Front- oder Heckantrieb bei Lifestyle-Pedelecs. Der derzeit leichteste Motor (nur 1,7 kg für die Version in der Vorderradnabe) mit dem kleinsten Durchmesser (Vorder- und Hinterradnabe mit jeweils einem Durchmesser von nur 100 mm) und einem Drehmoment von bis zu 45 Nm ist vorwiegend für den urbanen Einsatz gedacht.
*www.bafang-e.com/de*

## KLEINE AKKU-KUNDE

# STROM AUS DER TUBE

**OFT SIEHT MAN IHN GAR NICHT. DOCH GERADE DESHALB SOLLTE DER ELEKTRORADLER IMMER EIN AUGE AUF SEINEN AKKU HABEN. EINIGE PRAXISTIPPS IM UMGANG MIT DEM STROMSPEICHER.**

TEXT: MARTIN HÄUSSERMANN, PD-F

An ihrem Akku sollt ihr sie erkennen. Lange war der Stromspeicher ein deutliches Identifikationsmerkmal von E-Bikes. Ob sie nun unter dem Gepäckträger, dem Sattelrohr oder dem Unterrohr montiert waren, die schwarzen oder grauen Kästen waren weithin sichtbar. Das hat sich geändert, seit Shimano im Jahr 2016 damit begann, den Stromspeicher im Rahmen – in der Regel im Unterrohr – regelrecht zu verstecken. Prompt zogen im Folgejahr auch Bosch und Bafang nach, und inzwischen hat eigentlich jeder Systemanbieter das im Programm, was in bestem Branchensprech »Intube-Akku« genannt wird. Der ist bei Herstellern wie Bikern beliebt, weil er ein eleganteres Rahmendesign ermöglicht, aber auch deshalb, weil ein Fahrrad nicht von weithin als E-Bike identifizierbar ist.

### NICHT FALLEN LASSEN

Die Sichtbarkeit ist aber nur eine Seite der Medaille, wichtiger ist im Grunde die Funktion, weshalb wir hier auch ein wenig technisch werden müssen. E-Bikes fahren mit Lithium-Ionen-Akkus, die eigentlich pflegeleicht sind – solange man damit pfleglich umgeht. Mechanische Beeinträchtigungen – beispielsweise durch den Sturz auf harten Boden – mag der Stromspeicher gar nicht. Deshalb muss der Akku nach Stürzen oder Unfällen auf alle Fälle kontrolliert werden, um Folgeschäden auszuschließen. Und das nicht nur, wenn die Hülle beschädigt ist. Der Weg führt dann direkt zum Fahrradhändler des Vertrauens. Denn ob ein Akku tatsächlich defekt oder vielleicht nur tiefentladen ist, vermag ein Laie nicht einzuschätzen. Ein Crash-Replacement, wie es etwa bei Fahrradhelmen existiert, gibt es für Akkus bislang nicht. Allerdings kann sich der Radfahrer mit einer Vollkaskoversicherung auch gegen diese (eher seltenen) Schäden absichern.

Generell handelt es sich beim Akku um ein Verschleißteil, das gilt beim E-Bike ebenso wie bei Laptops oder Mobiltelefonen. Das bedeutet, dass er im Laufe seiner Lebenszeit nachlässt. Denn selbst bei bester Handhabung altern die Zellen des Akkus und verlieren an Leistung. Das muss den normalen E-Biker nicht schrecken. Die Lebenserwartung von hochwertigen E-Bike-Akkus wird modellabhängig mit 500 bis 1.000 Ladezyklen angegeben. Bei einer konservativ geschätzten Reichweite von 40 Kilometern pro Akku-Ladung sind das 20.000 bis 40.000 Kilometer. Bosch gibt beispielsweise an, dass ein

Die Möglichkeit, Akkus in den Rahmen zu integrieren, erlaubt elegante Designlösungen.

WINORA
WINORA

Akku auch nach 500 Ladezyklen noch 70 Prozent seiner Leistung im Neuzustand bringt. Deswegen ist der Akku aber noch nicht kaputt, er geht beim Fahren allerdings schneller in die Knie und muss öfter aufgeladen werden. Für Kurzstreckenfahrten stellt das kein Problem dar, auf Touren allerdings schon. In diesem Fall oder wenn der Akku komplett streikt, ist ein Besuch beim Fachhändler angesagt. Der kann den Akku testen und ihn gegebenenfalls gegen ein baugleiches Teil austauschen, was allerdings eine kostspielige Angelegenheit ist: Zwischen 500 und 750 Euro muss man für den Ersatz durchaus anlegen. Im Internet werden immer wieder deutlich günstigere Akku-Reparaturen durch Austausch der defekten oder verbrauchten Zellen angeboten. Davon ist abzuraten, weil das Zusammenspiel zwischen dem Akku selbst und dem in der Antriebselektronik integrierten Batteriemanagementsystem nicht gewährleistet ist.

## REGELMÄSSIG NACHLADEN

Akku-Verschleiß ist mithin eine normale Sache, lässt sich aber minimieren. So sollten Akkus weder in Eiseskälte noch in praller Hitze geladen werden, sondern am besten bei Zimmertemperatur. Dazu lassen sich die Akkus, auch die im Rahmen integrierten, ausbauen und mitnehmen. Es empfiehlt sich übrigens nicht, den Akku stets komplett leerzufahren, er sollte regelmäßig aufgeladen werden, spätestens dann, wenn die Akku-Anzeige nur noch einen Strich anzeigt. Es schadet auch nicht, den Akku nach jeder Fahrt ans Ladegerät zu hängen, denn den berüchtigten Memoryeffekt kennen Lithium-Ionen-Akkus nicht. Bei langen Touren empfiehlt sich die Mitnahme eines Ladegeräts, um unterwegs nicht ohne Strom hängen zu bleiben. Bosch beispielsweise hat eigens für Touren ein besonders kleines Ladegerät im Angebot, aber auch einen Fast-Charger, der die Ladezeit um ein Drittel verkürzt. Für alle, die keine Zeit zum Laden haben oder auch längere Strecken zurücklegen, lohnt sich die Anschaffung eines zweiten Akkus. »Bei vielen unserer Modelle setzen wir bereits auf eine Zwei-Akku-Lösung. Das erweitert die Reichweite deutlich, nicht nur im Winter«, so Heiko Müller, Mitinhaber von Riese & Müller. Andere müssen den zweiten Akku in die Fahrradtasche oder den Rucksack packen. Dabei sollte der Akku vor Kälte, aber auch mechani-

Den Akku im Gepäckträger zu integrieren ist aufgrund der Schwerpunktlage nur die zweitbeste Lösung (links). Bei Doppelakku-Systemen wandert ein Powertube ins Oberrohr (unten).

schen Beschädigungen geschützt werden. Dazu packt man ihn einfach in eine Jacke oder ein Sweatshirt ein. Eine Alternative sind spezielle E-Bike-Taschen, wie sie beispielsweise der Gepäckspezialist Ortlieb anbietet.

## WINTER: GÖNN DEM AKKU WÄRME

Alltagsradler setzen ihr E-Bike auch gern im Winter ein. Dazu sollte man wissen, dass niedrige Temperaturen dem Akku zusetzen. Vereinfacht erklärt: Das Elektrolyt, in dem sich die Ionen bewegen, wird mit sinkenden Temperaturen immer zähflüssiger. Die Ionen kommen schwerer durch, der Energieverbrauch steigt. Im Vergleich zu Idealbedingungen kann sich die übliche Reichweite halbieren. Deshalb sollte man für den Wintereinsatz seinem Akku ein Mäntelchen gön-

Wer mit Ersatz-Akku unterwegs ist, sollte diesen geschützt transportieren. Zum Beispiel in der Transporthülle von Fahrer Berlin oder einem Rucksack für E-Biker von Deuter (unten).

nen. Solche Schutzhüllen, wie sie beispielsweise Bosch oder der Zubehörspezialist Fahrer Berlin anbieten, bestehen meist aus Neopren und passen sich der Form des Stromspeichers an. Steht das Bike im Winter länger draußen oder in einer sehr kalten Garage, empfiehlt es sich, den Akku auszubauen und in die Wohnung oder ins Büro mitzunehmen. Dann hat er auch bei Antritt der nächsten Fahrt die empfohlene Mindesttemperatur von zehn Grad. Damit der Akku auch warm bleibt, empfiehlt es sich gerade im Winter, ihn immer wieder ordentlich zu fordern und nicht nur den Eco-Modus zu nutzen. In einem hohen Unterstützungsmodus sorgt der Entnahmestrom für die Selbsterwärmung des Akkus. Ein Auskühlen und damit eine Leistungseinbuße wird verhindert.

## FÜNF TIPPS

### ZUM UMGANG MIT E-BIKE-AKKUS

1.
**VORSICHT**
Behandeln Sie Ihren Akku mit der gebotenen Vorsicht. Beim Ausbau achten Sie darauf, dass er nicht auf den Boden fällt, beim Einbau stellen Sie sicher, dass er sicher verriegelt ist. Geladen werden sollte er in Trockenheit und bei Raumtemperatur.

2.
**LADEZYKLUS**
Akkus mit Lithium-Ionen-Zellen können unabhängig von ihrem Ladezustand beliebig kurz geladen werden. Das integrierte Batteriemanagementsystem in Verbindung mit einem Bosch-Ladegerät schützt den Akku vor Überlastung. Unterbrechungen des Ladevorgangs schaden den Akkus nicht. Selbst nach 500 Vollladungen sind noch rund 70 Prozent der ursprünglichen Akku-Kapazität verfügbar.

3.
**LADEGERÄT**
Leider gibt es immer noch keine einheitlichen Ladesysteme, jeder Hersteller nutzt eigene Stecker. Von Bastellösungen ist abzuraten. Akkus sollten nur mit den Original-Ladegeräten der Hersteller aufgeladen werden. Andernfalls kann ein irreparabler Schaden entstehen, Gewährleistung oder Garantieansprüche entfallen.

4.
**AKKU-LAGERUNG**
Sollte der Akku längere Zeit nicht genutzt werden, sollte er auch nicht voll geladen werden. Als idealer Ladezustand bei längerer Lagerung gelten zwischen etwa 30 und 60 Prozent, abzulesen an der Anzeige im Display oder den Dioden direkt am Akku.

5.
**WINTEREINSATZ**
Es spricht nichts dagegen, ein E-Bike auch im Winter zu nutzen. Allerdings sollte der Akku dabei nicht auskühlen. Dabei helfen spezielle Schutzhüllen für Akku oder Rahmenrohre. Bei längeren Pausen den Akku ausbauen und im warmen Zimmer/Büro lagern.

## BIKEFITTING

# BITTE NEHMEN SIE PLATZ

**WER ERGONOMISCH RICHTIG AUF DEM FAHRRAD SITZT, HAT MEHR SPASS UND WENIGER PROBLEME. BIKEFITTING HEISST DAS ZAUBERWORT, DAS STEFAN STIENER NUR UNGERN IN DEN MUND NIMMT – ABER IM GRUNDE MACHT ER SEIT ZWEI JAHRZEHNTEN NICHTS ANDERES. WIR HABEN DEM VELOTRAUM-CHEF BEIM BIKEFITTING ÜBER DIE SCHULTER GESCHAUT.**

TEXT UND FOTOS: MARTIN HÄUSSERMANN

Stefan Stiener ist nicht nur Gründer und Inhaber des Fahrradherstellers Velotraum, sondern auch selbst ambitionierter Radler. Wenn er selbst im Sattel sitzt, betreibt er auch gern Feldstudien. In Kombination mit den Erfahrungen, die er in seinem eigenen Unternehmen sammelt, kommt er zu einer ernüchternden Erkenntnis: »Ich schätze, dass mindestens 70 Prozent aller Radfahrer falsch auf dem Fahrrad sitzen.«

### DIE SUCHE NACH DER RICHTIGEN HALTUNG

Wir treffen den Fahrradmacher in seinem Betrieb im schwäbischen Weil der Stadt, wo die Fahrräder von Velotraum konzipiert und gebaut werden. Aber nicht nur. Zum Gebäude gehört ein Ausstellungsraum, in dem Velotraum auch Fahrräder an Endkunden verkauft. Wer den Laden betritt, hat direkt den Bereich im Blick, den wir Ergonomiefläche nennen würden. Dort steht ein Gerät, das einem einfachen Hometrainer nicht unähnlich ist, direkt dahinter ein mannshoher Spiegel, im näheren Umfeld eine große Auswahl an Lenkern, Vorbauten, Satteln und Griffen. Sofort wird erkennbar, dass hier jemand die Mission hat, Menschen richtig aufs Fahrrad zu setzen. »Die individuell richtige Haltung auf dem Fahrrad ist unabdingbar für den Fahrspaß, das Wohlbefinden und die Leistungsfähigkeit«, meint Stefan Stiener. Denn nicht nur mangelnde Fitness lasse Anstiege zur Qual werden; eine ineffiziente Sitzposition könne den menschlichen Wirkungsgrad schnell mal halbieren.

Außerdem weiß Stiener aus der Praxis im eigenen Laden, aus Gesprächen mit Händlern und Umfragen, dass viele Radfahrer in irgendeiner Form von Schmerzen und Wehwehchen geplagt sind, die von Verspannungen im Nackenbereich über Rückenschmerzen, Kniebeschwerden bis zu eingeschlafenen Händen und anderen Körperteilen reichen. Dies und auch der stetig wachsende Markt an Ergonomiezubehör sind für Stiener ein untrügliches Signal: »Wenn die Leute keine Probleme hätten, gäbe es diese Produkte auch nicht.« Mit Gel gepolsterte Sättel, ergonomisch geformte Lenkergriffe oder spezielle Einlagen für die Radschuhe sind für viele Geplagte sicher segensreich, das wissen wir aus eigener Erfahrung. Doch lösen sie keine grundlegenden Probleme, die aus einer falschen Position auf dem Fahrrad resultieren. Welches ist aber die richtige? Da warnt Stefan Stiener vor vielfach angepriesenen

**Auf seiner Messmaschine ermittelt Stefan Stiener gemeinsam mit der Kundin die individuell richtige Sitzposition.**

velotraum

Patentlösungen: »Ein standardisiertes System, das man vorn mit Daten füttert und hinten das perfekte Ergebnis ausspuckt, gibt es nicht.«

Schließlich gebe es nicht eine einzig richtige Sitzposition, die für jeden gilt, sondern nur eine individuell richtige Haltung. »Jeder Mensch hat eben seine ganz persönliche körperliche Disposition«, sagt Stefan Stiener. Diese müsse er als Fachmann erkennen und darauf eingehen. Wichtige Informationen kann er schon aus dem vorhandenen Fahrrad ablesen. Deshalb bittet er seine Kunden, zur Anpassung auch immer das aktuelle Bike mitzubringen und zu sagen, wo und wann Probleme und Beschwerden auftauchten. »Das ist ein bisschen wie die Anamnese beim Arzt.« Und dann befragt er die Kunden nach deren Zielen. Ist beispielsweise sportliche Leistungssteigerung das Motiv, ein neues Fahrrad zu kaufen, will der Kunde, die Kundin künftig mit dem Bike regelmäßig zur Arbeit fahren oder gar eine Radreise unternehmen – das kann der Donauradweg sein, oder aber auch mal eine komplette Island-Durchquerung? Oder soll es einfach ein Alltagsrad sein mit dem man beispielsweise einkaufen fährt und gelegentliche Ausflüge unternimmt? »Die meisten unserer Kunden sind Generalisten, die ein Fahrrad für alle Fälle suchen«, sagt Stiener.

### KEINE KRAFT VERSCHENKEN

Mit diesen Informationen im Hinterkopf setzt er, wie in unserem Fotobeispiel, die Interessentin auf seine Messmaschine, die er zuvor ganz grob voreingestellt hat. Dann beginnt die Kundin

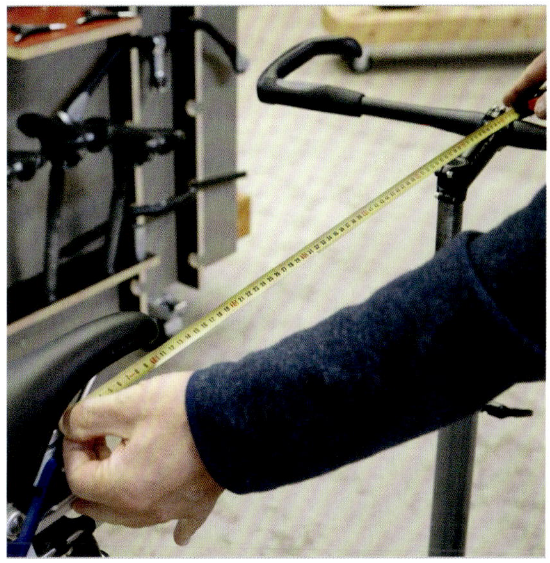

Wasserwaage und Maßband sind einfache, aber wichtige Hilfsmittel beim Bikefitting nach Stefan Stieners Methode.

zu pedalieren. Der erste Blick gilt der Sattelhöhe. Aus Erfahrung des Fachmanns fahren sehr viele Radler mit einer – teilweise deutlich – zu niedrigen Sattelhöhe. Das hat zum einen zur Folge, dass buchstäblich Kraft verschenkt wird, und kann zum anderen im schlimmsten Fall zu Knieschmerzen führen. »Aber der Mensch hält viel aus und ist tatsächlich ein Gewohnheitstier«, sagt Stiener. Er bemerke oft, dass eine im Grunde positive Umstellung auf eine objektiv richtige Haltung zunächst eine subjektive Verschlechterung bedeutet. Er sieht es nun als seine Aufgabe an, den Kunden über eine solche vermeintliche Schwelle hinwegzuhelfen. Selbsterkenntnis ist für den Fachmann dabei ein wichtiger Punkt: »Ich will die Kunden in die Lage versetzen, sich die wichtigen Antworten selbst zu geben.« Dazu muss er aber zunächst die richtigen Fragen stellen. Dahinter stecken eine Menge Erfahrung und ein geschulter Blick, denn für den Fachmann sendet der Körper viele Signale und Informationen aus. Die gilt es zu analysieren und dem Kunden auch aufzuzeigen, damit dieser in die Lage versetzt wird, sich eben die richtigen Antworten selbst zu geben.

Nicht ohne Grund steht hinter der Messmaschine ein Spiegel, in dem sich die Kundin während des Pedalierens selbst beobachten kann – und die Umstellungen der Sitzposition und deren Folgen. Hilfreich ist dabei zusätzlich eine gute körperliche Selbstwahrnehmung. Die ist bei Menschen, die aktiv Sport treiben oder regelmäßig Yoga bzw. Pilates machen, höher, bei weniger Aktiven niedriger. Aber auch denen kann der Fachmann mit gezielten Fragen helfen.

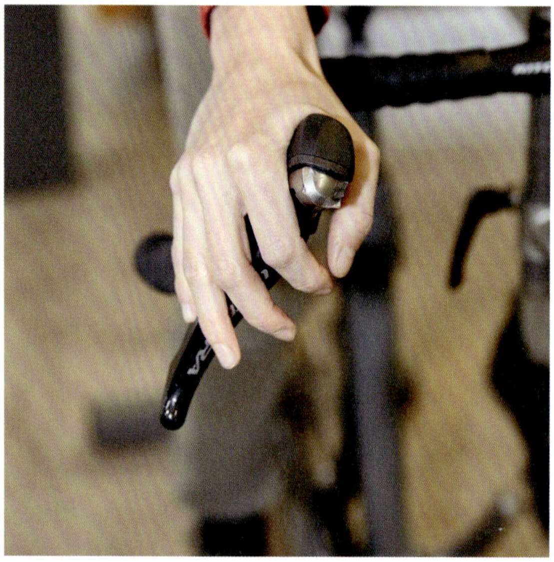

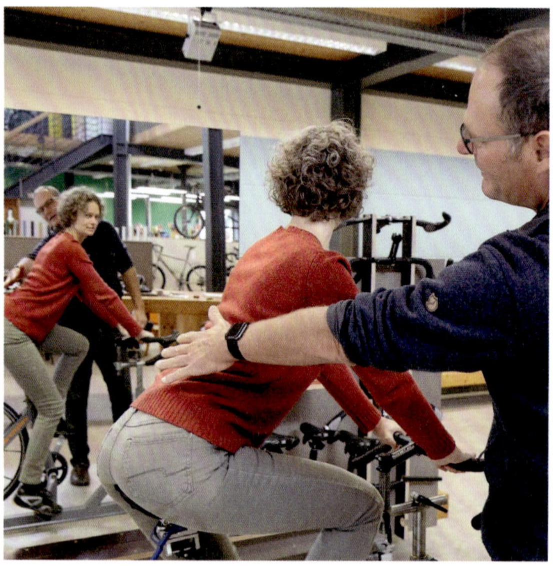

Ein bisschen Spaß muss sein: Bei der Suche nach der passenden Sitzhaltung – auch in verschiedenen Griffpositionen – darf auch mal gelacht werden.

»Wir haben in unserem Team glücklicherweise auch einen gelernten Physiotherapeuten und ehemaligen Hochleistungssportler, der uns auch in dieser Hinsicht geschult und seine Erfahrungen weitergegeben hat«, freut sich Stefan Stiener. Im Rahmen des Anpassungsprozesses werden systematisch verschiedene Lenkerpositionen, Lenkerformen, Lenkergriffe und Sattel durchprobiert, bis alles zusammenpasst, also die individuelle und effiziente Wohlfühlsituation gefunden ist.

## DAS ERGONOMISCHE DREIECK

Heraus kommt bei der Anpassung und Vermessung etwas, das Stiener als ergonomisches Dreieck bezeichnet. Dabei misst er den Abstand zwischen Tretlagermitte und Sattelmitte, Lenkermitte und Sattelmitte sowie die Lenkerhöhe. Diese Messpunkte sind bewusst einfach gewählt, sodass es bei der Vermessung kaum Interpretationsspielräume gibt und sie leicht aufs Fahrrad übertragen werden können. Anhand dieser Daten werden dann die Rahmengröße, Kurbel- und Vorbaulänge festgelegt. Wichtig ist für den Fachmann dabei, Spielraum für Veränderungen einzukalkulieren. Und zwar in beide Richtungen. Denn vielleicht wachsen mit vielen Kilometern ja auch die Ambitionen des Radlers, der sich dann eine sportlichere, aktivere Position wünscht. Andersherum kann es aber auch passieren, dass durch äußere Einflüsse wie Krankheit, Verletzungen oder schlicht wenig Training die Sitzposition in Richtung Komfort verändert werden muss.

Stefan Stieners erste Messmaschine ist inzwischen ins hauseigene Museum gewandert.

**» EIN STANDARDISIERTES SYSTEM, DAS MAN VORN MIT DATEN FÜTTERT UND HINTEN DAS PERFEKTE ERGEBNIS AUSSPUCKT, GIBT ES NICHT. «**

In diesen Bikefitting- und Beratungsprozess bringen Stefan Stiener und seine Mitarbeiter – auch die entsprechend geschulten Händler – nicht nur viel Erfahrung ein, sondern investieren auch viel Zeit, zuerst bei einer kurzen Vorbesprechung am Telefon und dann bei der Beratung und Anpassung im Laden. Die kann schon einmal zwei Stunden in Anspruch nehmen. Das gibt es natürlich nicht umsonst. Stiener und seine Händler setzen dafür eine Schutzgebühr von 100 Euro an, die aber bei einem Fahrradkauf komplett verrechnet werden. Im Grunde muss der Kunde also nur ausreichend Zeit investieren. Aber was sind schon zwei Stunden im Vergleich zu jahrelangem Fahrspaß auf einem passenden Rad?

KAUFBERATUNG

# EINE ÜBERLEGUNG WERT

**ES IST DURCHAUS SINNVOLL, SICH SCHON VOR DEM GANG ZUM HÄNDLER GEDANKEN ZU MACHEN UND FÜR SICH SELBST EINIGE RAHMENBEDINGUNGEN ZU DEFINIEREN. WIR BEANTWORTEN HIER IN ALLER KÜRZE FRAGEN, DIE GERADE NEUEINSTEIGER IMMER WIEDER STELLEN.**

TEXT UND FOTOS: MARTIN HÄUSSERMANN

## PREIS

Als Faustformel gilt: Für ein E-Bike muss man etwa das 2,5-Fache dessen rechnen, was ein vergleichbares Fahrrad ohne Unterstützung kostet. Der Einstieg beginnt heute bei etwa 2.000 Euro, wobei je nach Anspruch an Komfort, Leistung und Ausstattung der Preis sprunghaft nach oben geht. E-Bikes für 5.000 Euro gehören heute in die gehobene Mittelklasse, Top-Bikes können auch das Doppelte kosten. Laut Zweirad-Industrie-Verband (ZIV) lag der Durchschnittspreis von E-Bikes im Jahr 2018 bei knapp 2.400 Euro.

## KOMFORT UND SICHERHEIT

Kaum ein E-Bike wird heute noch ohne Federgabel verkauft. Das dient nicht nur dem Fahrkomfort, sondern auch der Sicherheit, hält sie doch das Vorderrad auch auf holprigen Strecken auf dem Boden. Komfortbewusste Menschen und solche mit Rückenproblemen schätzen eine Vollfederung oder zumindest eine gefederte Sattelstütze. Angesichts der höheren Durchschnittsgeschwindigkeit gehören an E-Bikes leistungsstarke Bremsen, und zwar in aller Regel hydraulisch betätigte Scheibenbremsen. Ein besonders stabiler Rahmen und qualitativ hochwertige Komponenten – zum Beispiel Oberklasse-Schaltungen oder gar Zahnriemenantrieb erhöhen zwar ebenfalls den Kaufpreis, sorgen aber auch für hohe Betriebssicherheit. Alltagsradler sollten weiterhin Wert legen auf eine hochwertige Lichtanlage mit hellem Scheinwerfer. Besonders hochwertige Scheinwerfer bieten heute eine Tagfahrlichtfunktion kombiniert mit einem Sensor, der bei Dunkelheit automatisch das Abblendlicht einschaltet – per Knopfdruck kann sogar ein Fernlicht zugeschaltet werden. Sportgeräte wie E-Rennräder oder E-MTBs können durch StVO-konforme Akku-Leuchten alltagstauglich gemacht werden.

## REICHWEITE

Ähnlich wie beim Benzinverbrauch des Autos differieren auch die Angaben von Reichweiten bei E-Bikes. Die Frage nach der Reichweite ist deshalb auch eine der von Kaufinteressenten am meisten gestellte, weiß Fachhändler Uwe Maier. Unter optimalen Bedingungen sind mit einem 500-Wh-Akku durchaus Reichweiten jenseits der 100-Kilometer-Marke drin. Doch meistens sind die Bedingungen eben nicht optimal. Gewicht, Fahrstil, Relief, Wind oder Reifendruck sind Einflussfaktoren, denen die Reichweite unterliegt. Diese Parameter lassen sich im elektronischen

Fahrradhändler Uwe Maier aus Gerlingen rät den Kunden, sich schon vor dem Gang ins Fachgeschäft Gedanken über die eigenen Erwartungen ans neue E-Bike zu machen.

Reichweitenrechner, wie ihn Bosch oder auch Haibike im Internet anbieten, eingeben. Damit lassen sich relativ realistische und ehrliche Angaben zur tatsächlichen Reichweite machen. Solche Reichweitenrechner hat der geschulte Fachhändler im Laden.

## REIFEN

Schon wieder ein Vergleich zum Auto: Wie bei diesem wird die Funktion des Reifens auch beim Fahrrad – und ganz speziell beim E-Bike – oft stark unterschätzt. Wichtig sind Haftung, Dämpfungsverhalten und Rollwiderstand. Letzterer hat einen nicht zu unterschätzenden Einfluss auf die Reichweite des E-Bikes. Und auf Pannenschutz sollte man bei hochwertigen E-Bikes auch nicht verzichten. Denn jeder Plattfuß schmälert den Spaß am Biken ein kleines bisschen.

## VERSICHERUNG

Die schnellen Pedelecs – oder E-Bike 45 – unterliegen einer generellen Versicherungspflicht (siehe Seite 64) und tragen entsprechend Versicherungskennzeichen, wie sie auch an Mofas Pflicht sind. Damit sind Haftpflichtschäden und je nach Vertrag auch Kaskoschäden (zum Beispiel Diebstahl) abgedeckt. Fahrraddiebstahl lässt sich generell auch über die Hausratversicherung absichern, dazu empfiehlt sich ein Gespräch mit dem Versicherungsvertreter. Wer zusätzliche Risiken minimieren will, sollte auch über eine Garantieverlängerung nachdenken, wie sie etwa das Unternehmen Wertgarantie *(www.wertgarantie.com)* anbietet. Hier kann man fast von einem Rundum-sorglos-Paket sprechen, denn mit dieser Versicherung sind auch Reparaturkosten durch Sturz, Verschleiß oder sonstige Defekte abgedeckt. Sogar der Akku lässt sich hier versichern.

## LEASING

Dass ein E-Bike eine Alternative zum Pkw sein kann, zeigt sich auch daran, dass es steuerrechtlich wie ein Dienstwagen behandelt wird. Viele große Unternehmen bieten ihren Arbeitnehmern bereits Diensträder – auch zur privaten Nutzung – an. Hierbei handelt es sich um Leasingmodelle, wie sie das Freiburger Unternehmen JobRad *(www.jobrad.org)* anbietet. Die Leasingraten werden vom Bruttogehalt abgezogen, was die Sache steuerlich interessant macht. Außerdem ermöglicht es vielen Menschen, sich in den Sattel eines hochwertigen E-Bikes zu schwingen, auch wenn man gerade nicht genügend Geld auf der hohen Kante hat.

# ALLTAG

- BEST PRACTICE
- DO IT YOURSELF
- LANGZEIT-ERFAHRUNG
- NAVIGATION
- TRANSPORT
- NÜTZLICHES ZUBEHÖR
- FAHRTECHNIK

3

BEST PRACTICE

# DIE AUTO-ALTERNATIVE

**DER ELEKTROMOTOR ERHÖHT DIE REICHWEITE EINES FAHRRADS UND TRÄGT DAZU BEI, DASS RADLER NICHT ZU SEHR INS SCHWITZEN KOMMEN. SO WIRD DAS PEDELEC FÜR VIELE EINE WILLKOMMENE ALTERNATIVE ZUM AUTO – SOGAR FÜR EINEN VERKEHRSMINISTER. UND ANDERE NUTZEN DAS E-BIKE, UM GEMEINSAM MIT ANDEREN SPASS ZU HABEN – SOGAR EIN OLYMPIASIEGER.**

TEXT: MARTIN HÄUSSERMANN
FOTOS: HÄUSSERMANN, HAIBIKE

## DER VERKEHRSMINISTER
### WINFRIED HERMANN

In Baden-Württemberg wurde das Auto erfunden, dafür stehen zuvorderst die Namen Gottlieb Daimler und Carl Benz. Das ist aber nur die halbe Wahrheit, wie Winfried Hermann, Verkehrsminister des Südweststaates, betont: »Vor gut 200 Jahren hat Karl Freiherr von Drais hier auch das Fahrrad erfunden.« Der Freiherr war gebürtiger Karlsruher, lebte in Mannheim und unternahm dort seine erste Ausfahrt mit dem später patentierten Zweirad am 12. Juni 1817. So kommt der Verkehrsminister zu dem Schluss: »Baden-Württemberg ist nicht nur Autoland, sondern auch Fahrradland.« Als Verkehrsminister tut der Grünen-Politiker auch viel dafür, dass dies sicht- und fühlbar wird. So unterstützt sein Ministerium Förderprogramme für Lastenräder in Stuttgart aber auch den Bau von Fahrradschnellwegen, die Pendlern den Weg zur Arbeit erleichtern. Mit der Initiative »Radkultur BW« will das Ministerium »eine fahrradfreundliche Mobilitätskultur im Land entstehen lassen und fördern«. Dazu gehört auch die Unterstützung des Projekts »Stadtradeln«. Beim Stadtradeln treten Kommunalpolitiker und Bürger gemeinsam in die Pedale und radeln mit anderen Kommunen an jeweils 21 zusammenhängenden Tagen zwischen Mai und September für mehr Radförderung, Klimaschutz und Lebensqualität um die Wette. Aber Hermann und sein Chef Ministerpräsident Winfried Kretschmann kehren auch buchstäblich direkt vor der eigenen Tür. Als erstes Bundesland führt Baden-Württemberg ein Radleasing-Angebot für Landesbeamte ein, den Zuschlag bekam eine Bietergemeinschaft um das Freiburger Unternehmen JobRad GmbH. Der Verkehrsminister freut sich: »Jede Fahrt mit dem Rad oder Pedelec bedeutet selbstaktive Mobilität mit null $CO_2$-Emissionen. Wer Rad fährt, erfährt nachhaltige Mobilität und leistet einen aktiven Beitrag zum Klimaschutz. Deshalb freue ich mich, dass wir für die 170.000 Landesbeamtinnen und Landesbeamten einen Anreiz setzen, mehr Fahrten mit dem Rad zurückzulegen auf dem Weg in den Dienst und privat. Und ganz nebenbei: Radfahren macht Freude und ist gesund.« Hermann weiß dies aus eigener Erfahrung, hat er sich doch schon vor Jahren selbst ein Pedelec angeschafft. Allerdings, so räumt er ein, komme dies für seinen Geschmack zu wenig zum Einsatz: »Aber wann immer mein Zeitplan dies erlaubt, radle ich ins Ministerium.«

Verkehrsminister Hermann bei der Vorstellung eines Leihradsystems in Stuttgart.

RegioRad Stuttgart
polygo
Mobil sein und sparen –
RegioRadStuttgart
Modern, mobil. Für die Region.
S-Bahn Stuttgart
In Kooperation mit

## »FÜR MICH IST DER ARBEITSWEG GLEICHZEITIG AUCH TEIL MEINES PERSÖNLICHEN FITNESSPROGRAMMS. UND WENN ICH ABENDS LUST HABE, MICH NOCH EIN WENIG AUSZUPOWERN, DANN REGLE ICH EINFACH DIE MOTORUNTERSTÜTZUNG RUNTER.«

DER ARZT

### DR. NIKOLAUS FRISCHMUTH

Schon von Berufs wegen ist Gesundheit für Nikolaus Frischmuth ein hohes Gut. Der 59-jährige Arzt betreibt mit mehreren Kollegen zwei große Praxen in Stuttgart, in denen insbesondere Menschen mit Nierenerkrankungen geholfen wird. Frischmuth selbst lebt vor den Toren der Landeshauptstadt und hat, je nachdem, welche Praxis er ansteuert, einen einfachen Arbeitsweg zwischen 13 und 17 Kilometer. Mit dem Auto würde er sich hier mehrheitlich auf den staugeplagtesten Strecken in und um Stuttgart bewegen. Aus diesem Grund und weil er schon von Jugend an ein begeisterter Radler ist, lässt er seine beiden Elektroautos (Smart und Tesla) meist stehen und schwingt sich stattdessen in den Sattel seines E-MTBs. Er hat sich für ein breit bereiftes Fully von Specialized entschieden, weil er sich bis an den Stadtrand von Stuttgart gern auf unbefestigten Waldwegen bewegt. Da er in seinen Praxen die Gelegenheit hat, sich frisch zu machen und umzuziehen, wählt Frischmuth für seinen Arbeitsweg sportliche Radbekleidung, die persönlichen Utensilien packt er in einen wasserdichten Rucksack. »Für mich ist der Arbeitsweg gleichzeitig auch Teil meines persönlichen Fitnessprogramms. Und wenn ich abends Lust habe, mich noch ein wenig auszupowern, dann regle ich einfach die Motorunterstützung runter«, sagt der Arzt, der nach eigener Rechnung im Jahr rund 6.000 Kilometer mit dem E-Bike zurücklegt – und dabei nicht nur etwas für die Umwelt, sondern auch für die eigene Gesundheit tut.

Steffen Ihrig radelt oft in Straßenkleidung. Deshalb entschied er sich für ein Trekkingbike mit Schutzblechen.

## DER RECHTSANWALT
### STEFFEN IHRIG

Steffen Ihrig ist ein gutes Beispiel dafür, wie der Wechsel vom Auto aufs E-Bike zustande kommen kann. Der Rechtsanwalt ist Nachbar von Nikolaus Frischmuth, den wir zuvor schon vorgestellt haben. Weil die beiden sich auch privat sehr gut verstehen und so manches Fest miteinander feiern, kam das Gespräch nahezu zwangsläufig auch einmal aufs E-Bike. Frischmuth schwärmte von der staufreien Fahrt nach Stuttgart, wo auch Ihrig – gemeinsam mit mehreren Partnern – seine Kanzlei betreibt. Auch der Aspekt, gleich auf dem Arbeitsweg etwas für das eigene Wohlbefinden und die Fitness zu tun, erschien Steffen Ihrig einleuchtend, schließlich ist der Mittfünfziger noch als Tennisspieler aktiv. Allerdings unterscheiden sich seine Arbeitsbedingungen doch etwas von denen seines Nachbarn und Freundes »Nick«. Weil er meist in Straßenkleidung radelt, hat er sich für ein klassisches Trekkingbike mit Schutzblechen, Beleuchtung und Gepäckträger entschieden: »Ich kann eben nicht verschwitzt mit Radkleidung im Büro oder gar bei einem Termin erscheinen. Da muss ich gewisse Kompromisse eingehen.« Für den Transport von Computer und Akten hat sich Steffen Ihrig zwei Office-Bags von Ortlieb geleistet. Diese am Gepäckträger zu befestigenden Aktentaschen fassen jeweils zwei komplette Aktenordner.

Bei den Fußball-Senioren gehen E- und Biobiker in trauter Eintracht auf Radtour.

## DIE FUSSBALL-SENIOREN
### FC GERLINGEN

Die Truppe ist bunt gemischt. Von kaufmännischen Angestellten über den Handwerker, den selbstständigen Unternehmer bis hin zum pensionierten Zollinspektor ist alles dabei – übrigens auch der Schreiber dieser Zeilen. Aber das ist für eine Amateur-Fußballmannschaft ja auch nicht ungewöhnlich. Wobei die meisten Mitglieder der Senioren des FC Gerlingen nicht mehr oft oder gar nicht mehr gegen den Ball treten. Das liegt nicht nur am Alter, sondern auch daran, dass die jahrzehntelange Kickerei ihren Tribut fordert. Da kneift immer mal wieder das Knie, da mault die Hüfte oder der Rücken. Die Abkehr vom aktiven Sport einerseits, die Freude am geselligen Zusammensein andererseits hat wiederum bei einigen den Bauch gewölbt. Grund genug also, sich nach einer alternativen Trainingsmöglichkeit umzuschauen. Und weil unter den Fußballern auch einige dabei waren, die den Radsport schon immer als Ausgleich oder Ergänzung zum Fußballtraining ansahen, war die erste gemeinsame Radtour schnell eine ausgemachte Sache. Das entwickelte sich zum regelmäßigen Training. Wenn in Deutschland die Sommerzeit gilt, treffen sich die Gerlinger Radler jeden Mittwochabend zur gemeinsamen Radtour. Die ist je nach Lust und Wetterlage zwischen 20 und 40 Kilometer lang und endet regelmäßig mit einem Grillabend vor dem Vereinsheim. Dazu unternehmen die Fußballer auch immer eine große Radtour, ein Wochenende, bei dem Tagesetappen zwischen 70 und 100 Kilometer zurückgelegt werden. So bunt

Flott durch Frankfurt: Die Uhren-Fachfrau Simone Richter nutzt für ihren Weg zur Arbeit meist ihr Flyer Goroc.

wie die Mannschaft ist auch der Fuhrpark, den die Gerlinger bei ihren Radtouren bewegen. Die immer noch gut Trainierten sind mit Rennrädern oder Mountainbikes unterwegs, knapp die Hälfte fährt aber inzwischen ein E-Bike – Tendenz steigend. Der Motor hilft ihnen dabei, Leistungsunterschiede zu den konditionsstärkeren Kameraden auszugleichen. So hat jeder seinen Spaß, bleibt in Bewegung – und alle können weiterhin gemeinsam sportlich aktiv sein.

## DIE MARKETING-MANAGERIN
### SIMONE RICHTER

Wer sich hauptberuflich mit Zeit beschäftigt, dem muss seine Zeit doch auch wertvoll sein. »Stimmt genau«, sagt Simone Richter, die bei Sinn Spezialuhren in Frankfurt am Main die Bereiche Marketing und Öffentlichkeitsarbeit verantwortet. Der sinnvolle Umgang mit der eigenen Zeit hat sie schließlich dazu bewogen, für den Arbeitsweg vom Auto aufs E-Bike umzusatteln. Dieser Weg führt sie von ihrem Wohnort im Frankfurter Norden zum Arbeitsort im Frankfurter Westen, ist rund 14 Kilometer lang und mit öffentlichen Verkehrsmitteln – vorsichtig gesagt – eher schwierig zu absolvieren. »Mit dem Auto brauche ich für den Hinweg mindestens 20 Minuten, da kann ich aber auch direkt vor der Firma parken. Auf dem Rückweg kann es aber schon mal eine Stunde oder mehr werden«, sagt die Marketing-Managerin. Denn da müsse richtig viel Zeit in die Parkplatzsuche investiert werden. Deshalb hat sie sich im vergangenen Sommer ein E-Bike angeschafft, mit dem sie jetzt pro Weg zirka eine

» **2009 HAT MICH EIN 80-JÄHRIGER GRINSEND AUF EINEM E-RADL ÜBERHOLT, DANACH WOLLTE ICH SOGAR SELBST EINE FIRMA GRÜNDEN UND E-BIKES BAUEN.** «

halbe Stunde unterwegs ist. Der Vorteil für sie: »Ich bewege mich und komme entspannt an. Ganz im Gegensatz zum Autofahren, da kann man in Frankfurt schon irgendwann mal aggressiv werden.« Zwar, so räumt sie ein, sei Frankfurt »nicht gerade die perfekte Fahrradstadt«, doch sei die Mainmetropole grüner, als man gemeinhin denkt: »Ich radle immerhin durch drei verschiedene Parks.« Und etwas schadenfreudig fügt sie hinzu: »Und wenn ich dann auf den Fahrradwegen parallel zu den großen Straßen am Autostau vorbeifahre, beschwingt mich das regelrecht.« Weil sie keine Garage hat und auch keinen Fahrradabstellraum, erwog sie kurzzeitig auch den Kauf eines E-Scooters, dem man auch mal im ÖPNV mitnehmen könne: »Aber ich will mich ja auch ein bisschen bewegen, deshalb bin ich froh, mir nun doch ein E-Bike gekauft zu haben.« Ein Flyer Goroc ist es geworden, auch weil sie das vergleichsweise einfach mal in den Keller tragen könne. Die meiste Zeit übernachtet das Bike aber angeschlossen und mit einer Plane geschützt im Innenhof des Mietshauses. Und der Akku wird zum Laden eben in die Wohnung mitgenommen.

## DER OLYMPIASIEGER
### MARKUS WASMEIER

Auf zwei Brettern war Markus Wasmeier ein Ass. Während seiner aktiven Zeit bestieg er 31-mal das Siegerpodium im Ski-Weltcup, neunmal davon als Sieger. Dazu gesellt sich der Weltmeistertitel im Riesenslalom 1985 in Bormio sowie zwei olympische Goldmedaillen im Riesenslalom und Super-G 1994 bei den Winterspielen in Lillehammer. Die sportliche Karriere hat er längst beendet, als sportliches Aushängeschild agiert er aber bis heute. Nicht ohne Grund wählten ihn die Veranstalter als Werbefigur und Protagonisten der E-Bike-Days 2019 in München. Schließlich hält der Schlierseer nicht einfach nur sein prominentes Gesicht in die Kamera. Vielmehr traut er sich auch noch den sportlichen Wettbewerb zu, weshalb er in München bei der »Haibike-Challenge: Schlag den Wasi« fleißig auf einem Fully seines Sponsors bikte und Zuschauer zu einem Wettbewerb im Geschicklichkeitsfahren herausforderte. Markus Wasmeier ist eben nicht nur auf zwei Brettern, sondern auch auf zwei Rädern unterwegs: »Ich fahre seit Jahren Rennrad, Mountainbike und eben auch E-Bike.« Und zwar immer nach Lust, Laune und Anlass, wie er in einem Interview im Rahmen der E-Bike-Days sagte: »Das E-Bike nehme ich, wenn ich mit meiner Frau radle oder wenn ich weiß, es steht ein schöner Sonnenuntergang an und ich komme spontan in einer Stunde auf den Gipfel, wenn ich Vollgas gebe.« Seinen ersten Kontakt zum E-Bike beschreibt er mit einer Portion Selbstironie: »2009 hat mich ein 80-Jähriger grinsend auf einem E-Radl überholt, danach wollte ich sogar selbst eine Firma gründen und E-Bikes bauen.« Bei aller Gaudi mahnt der Olympiasieger speziell die Einsteiger. Wer als Nicht-Radler aufs E-Bike wechsele, tue sich schwer, erst recht, wenn man im Gebirge unterwegs sei: »Berg rauf geht's – Berg runter wird es zu steil, viele stürzen.« Selbstüberschätzung sieht er als großes Risiko: »Es gibt E-Bike-Fahrer, die haben am Berg nichts zu suchen.«

**Bewegung und Gaudi sind für Markus Wasmeier auch als Leistungssportler im Ruhestand noch echte Lebenselixiere.**

HAIBIKE
ALLMTN
SCHLIERSEER-RADHAUS.DE
DT SWISS
MAXXIS

DO IT YOURSELF

# DER BIKE-HEIMWERKER

**NUR EIN GUT GEPFLEGTES E-BIKE FÄHRT GUT UND MACHT SPASS. VIELE WARTUNGSARBEITEN KANN MAN SELBST UND ZU HAUSE ERLEDIGEN. DEN REST BESORGEN DIE PROFIS IN DER FACHWERKSTATT.**

TEXT: MARTIN HÄUSSERMANN, THOMAS GEISLER/PD-F
FOTOS: HÄUSSERMANN, PD-F

Ein gutes E-Bike ist für die meisten Menschen eine große Investition. Damit diese nicht ganz günstige Anschaffung lange Freude macht, braucht sie Pflege und mitunter eine kleine Reparatur. Nun wollen wir hier niemanden zum Murks anstiften. Vom Motor und der Steuerungselektronik sollte man ohnehin die Finger lassen, sofern man nicht Zweiradmechaniker oder Elektroingenieur ist. Und wer wirklich zwei linke Hände hat, sollte bei technischen Problemen immer eine Fachwerkstatt aufsuchen. Aber einiges lässt sich tatsächlich von jedermann vor der Haustür oder in der eigenen Garage erledigen.

### SAUBER MACHEN

Samstag ist Waschtag. Das gilt für viele deutsche Autofahrer, die sich zwischen Einkauf und Sportschau intensiv ihrem Fahrzeug widmen. Was Autofahrern recht ist, kann E-Bikern nur billig sein.

Zwar fährt nicht jeder so viel und unter solchen Bedingungen, dass er sein Bike jede Woche putzen muss. In jedem Fall sollten aber folgende Komponenten regelmäßig geprüft werden: Reifen, Kette, Bremsen, Licht. Für diese kleinen Arbeiten am Fahrrad braucht man keine oder nur wenige Vorkenntnisse. Grober Schmutz, aber auch Wasser – und im Winter Streusalz und Schneematsch – setzen besonders der Kette zu. Damit der Antriebsstrang nicht rostet, dadurch weitere Antriebsteile in Mitleidenschaft zieht und irgendwann sogar reißt, muss man die Kette regelmäßig reinigen und anschließend ölen. Zum Säubern der Kette und auch des Schaltwerks bedient man sich im Fachhandel und Baumarkt erhältlicher Kettenreiniger, mit denen die Kette zunächst eingesprüht wird. Dann entfernt man mit einer schmalen Bürste – viele verwenden ausrangierte Zahnbürsten – den groben Schmutz. Dann wird die Kette mit einem Lappen oder einer alten Socke, in die man mit der Hand reinschlüpft, abgetrocknet. Weil aber nur der gut fährt, der auch gut schmiert, muss die Kette zum Schluss mit speziellem Kettenöl behandelt werden. Anschließend ist überschüssiges Öl – das sonst wie ein Schmutzfänger wirkt – wieder mit einem Lappen abzureiben. Durch die Kraft, die beim Treten aufs Pedal ausgeübt wird – bei Mittelmotoren addiert sich noch die Motorkraft hinzu – wird die Kette mit wachsender Betriebszeit immer länger. Das kann dazu führen, dass sich Kettenschaltungen nicht mehr sauber schalten lassen und die Kette mitunter über die Zähne der Ritzel springt. Dann wird es Zeit, die Werkstatt zu besuchen, wo mit einer speziellen Verschleißlehre die Abstände zwischen den Kettengliedern gemessen werden. Sind diese zu lang, muss die Kette getauscht werden, unter Umständen auch die Ritzel. Wer ein Bike mit Riemenantrieb besitzt, ist fein raus. Riemen müssen lediglich regelmäßig mit Wasser

**Auch MTB-Profi Rob Heran scheut sich nicht davor, sich bei der Bikepflege die Hände schmutzig zu machen.**

Kettenpflege und Reifenwechsel sind Wartungsarbeiten, die man auch mit nur wenig handwerklichem Geschick ausführen kann.

gereinigt werden. Eine zusätzliche Schmierung entfällt. Und an einen Austausch muss man auch nicht so schnell denken.

### REIFEN UND SCHLAUCH

Der Reifen verdient ebenfalls Beachtung, stellt er doch den Kontakt zur Fahrbahn her. Regelmäßig den Reifendruck zu messen und den Reifen gegebenenfalls aufzupumpen, das ist kein Luxus. Empfehlenswert ist hierzu eine Standpumpe mit integriertem Manometer. Der empfohlene Fülldruck kann an der Reifenflanke abgelesen werden. Zu schwach aufgepumpte Reifen können beispielsweise dazu führen, dass Erschütterungen beim Überfahren von Bordsteinkanten bis aufs Felgenhorn durchschlagen. Das schadet nicht nur der Felge, sondern möglicherweise auch dem Schlauch, der leicht, elastisch und damit relativ empfindlich ist. Der beschriebene Durchschlag kann dazu führen, dass der Schlauch beim Kontakt mit dem Felgenhorn Löcher bekommt, der Fachmann spricht aufgrund des Beschädigungsmusters von einem Schlangenbiss. Ursachen für den lästigen Plattfuß können auch Scherben, Nägel oder andere spitze Gegenstände auf der Fahrbahn sein. Dagegen kann man sich aber schützen durch den Kauf spezieller Reifen mit integriertem Pannenschutz. Auch wenn man mal einen Platten hat, muss man nicht gleich zum Fahrradhändler – höchstens, um sich Flickzeug oder einen Ersatzschlauch zu kaufen.

»
# VOR JEDER TOUR NACH DEN REIFEN UND DEM LUFTDRUCK ZU SCHAUEN IST KEIN LUXUS.
«

## LICHT EINSTELLEN

Sehen und gesehen werden sind wesentliche Sicherheitsaspekte beim E-Biken. Dazu bedarf es einer funktionierenden Lichtanlage und eines richtig eingestellten Scheinwerfers. Sollte einmal das Rücklicht oder auch der Scheinwerfer nicht funktionieren, gilt der erste Blick den Steckverbindungen, die sich manchmal aus unerfindlichen Gründen lösen. Fügt man diese wieder zusammen, ist das Problem in aller Regel behoben. Weil moderne Fahrradbeleuchtung zum großen Teil mit LEDs arbeitet, sind durchgebrannte Glühlampen glücklicherweise Schnee von gestern.

Der Scheinwerfer muss so eingestellt sein, dass er den Gegenverkehr nicht blendet. Als Grundregel gilt: Der hellste Fleck des Scheinwerfers sollte etwa zehn Meter vor dem Rad auf der Straße liegen. Eine dunkle Tiefgarage hilft bei der Einstellung. Oder man stellt das Rad frontal und direkt vor eine Wand: Der Lichtkegel leuchtet knapp unter der Oberkante des Scheinwerfers an der Wand.

## BREMSEN PRÜFEN

Wer bremst, verliert, heißt ein alter Rennfahrerspruch. Aber wer nicht bremst, baut möglicherweise einen Unfall. Deshalb müssen die Bremsbeläge immer ausreichend Reserve haben. Den Verschleiß erkennt man zunächst am Bremshebel: Lässt sich dieser bis an den Griff heranziehen, muss man zunächst den Bowdenzug oder bei Hydraulikbremsen den Kontaktpunkt nachstellen. Bei Felgenbremsen sollten die Einkerbungen auf den Belägen mindestens erkennbar sein, auch muss man den Verschleißindikator der Felge im Blick behalten. Für Scheibenbremsen gilt als Richtwert eine Bremsbelagstärke von ungefähr 1,5 Millimetern. Hydraulische Bremsen sollten zudem etwa einmal im Jahr entlüftet werden. Das ist allerdings nur eine Arbeit für geübte Schrauber, alle anderen gehen dafür am besten zur Fachwerkstatt. Gleiches gilt auch für den Belagwechsel bei Scheibenbremsen. Nach Wechsel der Bremsbeläge oder auch der Bremsscheiben muss die Scheibenbremse neu eingebremst werden: Fünf bis zehn kräftige Bremsungen aus mittlerem Tempo passen Scheibe und Beläge wieder aneinander an. Das sollte natürlich nur auf sicheren Plätzen oder Wegen und nicht mitten im fließenden Verkehr stattfinden.

## FEDERUNG

Ein Großteil aller E-Bikes ist serienmäßig mit Federgabel und manchmal sogar mit Hinterbaudämpfer ausgestattet. Um die optimale Wirkung der Federelemente zu erreichen, sollten sie auf den Einsatzzweck und das Gesamtgewicht eingestellt werden. Bei luftgefederten Gabeln und Dämpfern sollte der Druck so gewählt werden, dass bei aufsitzendem Fahrer der vorhandene Federweg zu zehn bis 20 Prozent ausgenutzt wird. Wie weit das Fahrwerk einfedert, signalisieren Indikatoren – in der Regel schlichte Gummiringe. Der sogenannte Negativfederweg (englisch *sag*) dient dazu, dass die Gabel beispielsweise bei der Fahrt in ein Schlagloch ausfedert und der Reifen so Kontakt zum Untergrund behält. Bei der Einstellung von Luftfederelementen hilft eine spezielle Dämpferpumpe mit Manometer, die meist mit dem Fahrrad mitgeliefert wird. Was für viele andere Bauteile am Fahrrad gilt, gilt auch für die Federgabel: Nur wenn sie sauber und gut geschmiert ist, arbeitet sie optimal. Die bei Fahrradschraubern beliebten Multifunktionsöl wie Ballistol oder Kriechöle wie das WD 40 haben an Federgabeln nichts zu suchen. Hierfür gibt es spezielle Öle wie das »Federgabel-Deo« von Brunox, das sowohl die Gleitflächen schmiert als auch die Dichtungen pflegt. Hier gilt: einsprühen, einfedern, losfahren.

## LANGZEIT-ERFAHRUNG

# DER 11.000-KILOMETER-TEST

**WER MEHRERE TAUSEND EURO IN EIN E-BIKE INVESTIERT, WILL EINE WEILE SPASS DAMIT HABEN. VERLÄSSLICHE ZAHLEN ÜBER DIE LANGZEITHALTBARKEIT VON PEDELECS SUCHT MAN ALLERDINGS VERGEBENS. AUS DIESEM GRUND UND UM SEINE KUNDEN BESSER BERATEN ZU KÖNNEN, HAT VELOTRAUM-INHABER STEFAN STIENER SICH SEIN MITTELMOTOR-PEDELEC FD2E GESCHNAPPT UND ZWEIEINHALB JAHRE NICHT GESCHONT.**

TEXT & FOTOS: STEFAN STIENER/VELOTRAUM

Wie steht es eigentlich um die Langzeithaltbarkeit von Pedelecs? Während wir bei einem hochwertigen Fahrrad ohne Motor gut 50.000 bis 100.000 Kilometer in Aussicht stellen und belegen können, fangen wir beim Pedelec (fast) bei null an. Daher glauben wir, dass auch eine vergleichsweise überschaubare Kilometerleistung von knapp 11.000 Kilometer einen gewissen Informationswert bietet. Zumal die 11.000 Kilometern von dem Chronisten in zweieinhalb Jahren unter verschiedensten Bedingungen erstrampelt wurden – vom täglichen Arbeitsweg bis zur knapp 100 Kilometer langen Nordschwarzwaldrunde, bei der 2.000 Höhenmeter bewältigt wurden.

### AUS SKEPSIS WIRD URVERTRAUEN

Am Anfang sah ich in der Nutzung meines FD2E mehr eine Pflicht, schließlich pflegen wir das Motto: »Wir fahren die Dinger selbst«. Aus diesem Grund wurde das Bike anfangs fast nur als Winterfahrzeug eingesetzt. Inzwischen ist der orangefarbene »Hirsch« zu meinem allumfassenden Mobilitätsvehikel geworden. Sprich: Das Ding wird fast täglich bewegt und bekommt nur die allernötigste Pflege.

Für mich war und ist von überragender Wichtigkeit: Auch ein Pedelec muss völlig selbstverständlich funktionieren und absolut zuverlässig sein. Der Wartungsmehraufwand sollte sich auf das Laden des Akkus und wenn es hochkommt, auf ein Software-Update pro Jahr beschränken. Quasi ein Pedelec mit Fahrradeigenschaften, schließlich habe ich noch viel mehr zu tun, als an den eigenen Rädern zu schrauben.
Anfangs war ich sehr skeptisch, ob mein FD2E – noch dazu mit Kettenschaltung – diese Erwartungen würde erfüllen können, weswegen ich selbst die kleinste Unregelmäßigkeit argwöhnisch beobachtete. Nach gut zwei Jahren und knapp 11.000 Kilometern ist das Vertrauen in mein FD2E fast grenzenlos. Selbst ein richtiger Plattfuß blieb mir bisher erspart; allenfalls zwei bis drei »Schleicher« mussten behoben werden. Ich habe zwar eine Pumpe am Rad, aber fast nie einen Ersatzschlauch dabei. Unterm Strich ist meine Defektliste überschaubar und weist eigentlich nur wiederkehrende Setzungsknackgeräusche auf wie bei jedem anständigen Fahrrad, das permanent im Einsatz ist.

Weder der Antrieb noch die Schaltung oder die Bremse machten irgendwelche Probleme, sondern funktionierten einfach. Wann immer ich mich auf das Rad setze, macht es, was es soll: wunderbar fahren – zumindest so lange der Akku voll ist …

### SOMMER, HERBST … UND DAS MATERIAL

Und da sind wir beim Thema Reichweitenangabe. Hier bekleckert sich Shimano nicht gerade mit Ruhm, wobei die letzten Updates eine echte

Einen Teil der Testkilometer sammelte Stefan Stiener auch im Urlaub, wie hier auf Korsika.

Wirklich geschont hat Stefan Stiener seinen »Hirsch« nicht, sondern ihn mit Schmackes durch alle Jahreszeiten getrieben.

Verbesserung brachten. Doch weiterhin bleibt die Reichweitenangabe eher eine sehr vage Information, die wohl erst dann präziser werden kann, wenn das Antriebssystem die regelmäßige Strecke und den Fahrer kennt. Im Moment lautet meine Empfehlung zu Steps: Sobald die Statusanzeige auf drei (von fünf) Balken springt, sollte man die Hälfte der Strecke/Höhenmeter hinter sich haben. Damit bin ich zumindest bisher gut klar gekommen.

Das Fahrgefühl meines Steps 8000 ist nach diversen Updates äußerst angenehm und ausgesprochen fahrradspezifisch. Herausragend und einzigartig ist zudem dessen Zuverlässigkeit und Robustheit. Dieser sehr hohe Reifegrad macht das Steps-8000-System für mich zur besten Wahl, wenn kraftvolle Zuverlässigkeit und ein möglichst großer Nutzwert an erster Stelle stehen. Diese Qualitäten werden übrigens auch dann noch Bestand haben, wenn in ein bis zwei Jahren ein Nachfolgesystem auf den Markt kommt, das sehr wahrscheinlich etwas weniger Gewicht haben und noch mehr Leistung bieten wird.

## LEBENSDAUER UND VERSCHLEISS

Gewiss, mein Erfahrungsbericht ist individuell, andere mögen andere Erfahrungen gesammelt haben. Und natürlich muss man Abstriche machen bei Fahrrädern, die günstiger sind als die unseren. Immerhin bewegt sich Velotraum im mittleren bis oberen Preissegment. Doch mit der Erfahrung von mehr als drei Jahrzehnten im Fahrradgeschäft erlaube ich mir ein paar mehr oder weniger allgemeingültige Aussagen.

Die Langzeithaltbarkeit von E-Bikes hängt von vielen Faktoren ab – vom Nutzungsverhalten ebenso wie von der Qualität der verbauten Komponenten.

*Langzeithaltbarkeit* – Regelmäßig müssen wir in unseren Beratungsgesprächen die Erwartungen hinsichtlich der Lebensdauer eines Pedelecs relativieren. Generell hängt die Langzeithaltbarkeit von vielen Faktoren ab, daher sind nur vorsichtige Angaben möglich. Der verständliche Wunsch, dass auch ein Pedelec mindestens zehn bis 15 Jahre halten sollte, ist mit sehr hoher Wahrscheinlichkeit nicht zu erfüllen. Realistisch ist ein Zeitraum von fünf bis zehn Jahren, und schon diese Lebensdauer setzt voraus, dass der Systemlieferant für Motor, Steuerung und Batterie über einen solchen Zeitraum Ersatzteile und Updates anbietet. Übrigens ist das ein wesentlicher Grund, warum wir uns für das Steps-System von Shimano entschieden haben.

*Verschleiß* – Hier ist die Bilanz überraschend positiv. Kette und Kassette musste ich alle 3.000 bis 4.000 Kilometer tauschen. Das ist eine normale Kilometerleistung, wie sie auch bei einem Fahrrad mit Kettenschaltung angezeigt ist. Sehr hoch ist lediglich mein Bremsbelagverschleiß: Alle 2.000 Kilometer war ein kompletter Satz fällig, und demnächst müssen wohl beide Bremsscheiben getauscht werden. Hier machen sich das hohe Systemgewicht, das Höhenprofil meiner Arbeitsstrecke und mein bevorzugtes Terrain – rauf und runter – bemerkbar.

*Akku-Alterung* – Kommen wir zum kostspieligsten Verschleißteil eines Pedelecs: dem Akku. Auch hier tappt man hinsichtlich der tatsächlichen Alterung und der damit einhergehenden Ladeverluste etwas im Dunkeln. Shimano hält zwar große Stücke auf seine Akkus, allerdings passt ihre Aussage nicht so ganz zu meiner Alltagserfahrung. Während die Analysesoftware von Shimano meinem Akku fast Neuzustand attestiert, liegt mein Gefühl eher bei unter 80 Prozent. Die Erklärung für diese Diskrepanz: Die Software misst offenbar nicht die Akku-Kapazität, sondern errechnet anhand der Ladezyklen und der zugrundeliegenden Akku-Kennzahlen die theoretisch noch zur Verfügung stehende Akku-Kapazität. Mir wären die echten Werte lieber.

## RESÜMEE

In meiner Alltagswahrnehmung hat das Pedelec dem Fahrrad inzwischen den Rang abgelaufen. Anscheinend überwiegen für die meisten Menschen die Vorteile der elektrischen Erweiterung des Fahrrads gegenüber deren Nachteilen: die Abhängigkeit von der Steckdose und die Unterhaltskosten. Insbesondere die Erneuerung des Akkus (800 bis 900 Euro nach vier bis fünf Jahren) und die kürzere Lebensdauer eines Pedelecs schlagen hier kräftig zu Buche – auch hinsichtlich der Ressourcen. Diese offensichtliche B-Seite wird vom Gros der Pedelec-Käufer sehr wahrscheinlich verdrängt, zumal diese Aspekte eher selten durch eine dramatisch gestiegene Kilometerleistung relativiert werden. Ganz anders dagegen unsere Kunden: Die plagen sich durchaus mit diesen Fragen rum, und wir unterstützen sie gern.

NAVIGATION

# SCHLAUE PFADFINDER

**WAS IM AUTO LÄNGST ZUR SELBSTVERSTÄNDLICHKEIT GEWORDEN IST, HAT AUCH AUF DEM FAHRRAD – UND ERST RECHT BEIM E-BIKE – EINZUG GEHALTEN: DIE ELEKTRONISCHE NAVIGATION. MIT SPEZIELL DAFÜR KONZIPIERTEN GERÄTEN ODER SCHLICHT MIT DEM EIGENEN SMARTPHONE. DAS LÄSST SICH UNTER UMSTÄNDEN SOGAR VOM E-BIKE-AKKU MIT STROM VERSORGEN.**

TEXT: MARTIN HÄUSSERMANN FOTO: HERSTELLER

Das Navi ist für uns selbstverständlich geworden, wenn wir uns in unbekanntem Terrain bewegen. Da ist es dann unerheblich, ob wir zu Fuß, mit dem Auto oder eben mit dem Fahrrad unterwegs sind. Längst haben sich bei Tourenfahrern Bordcomputer mit Navigationsfunktion durchgesetzt. Die gute alte Landkarte dient allenfalls noch zur groben Tourenplanung in den eigenen vier Wänden. Geht es dann aber ins Detail, sucht man via Internet elektronische Streckenplaner wie »Gpsies« oder »Komoot« auf. Diese Programme bieten Streckenplanung im Detail, die dort geplanten Routen lassen sich dann auch problemlos auf das Fahrradnavi überspielen.

Zum Beispiel auf den Nyon von Bosch, der sich bei vielen Bikes als navigationsfähige – und aufpreispflichtige – Alternative zum klassischen Bordcomputer Intuvia bestellen lässt. Die Funktion des Nyon ist nicht gerade selbsterklärend, lässt sich aber doch relativ schnell erlernen, wie der Autor im Selbstversuch festgestellt hat. Andere Antriebssystemanbieter haben sich mit dem Thema Navigation noch nicht beschäftigt.

### NAVIS VOM SPEZIALISTEN

Aber dafür gibt es ja Spezialisten wie Garmin, mit dessen Instrumenten Menschen zu Wasser, zu Lande und selbst in der Luft den richtigen Weg finden. Fahrradnavis heißen bei Garmin Edge – meist verbunden mit einer drei- oder vierstelligen Ziffer. Ausprobiert haben wir das Mittelklassemodell Garmin Edge Explore (ca. 250 Euro) und dessen größeren Bruder Edge 830, eines der beiden Spitzenmodelle, für das rund 400 Euro fällig werden. Mit diesem Preis spricht er eine ambitionierte Zielgruppe an, ist aber auch weit mehr als ein reiner Wegweiser. Nicht ganz zu unrecht bezeichnet Garmin dieses Gerät als »Coach am Lenker«. Denn die Möglichkeiten des Edge 830 hier im Detail zu beschreiben, würde den Rahmen sprengen. Unter anderem kann man mit diesem Gerät und der kostenlosen Garmin-App Connect seine Ausfahrten und die erbrachten Leistungen vergleichen. Praktisch und alltagstauglich ist zum einen die Kondition des Geräts, dessen Akku im durchschnittlichen GPD-Einsatz bis zu 20 Stunden (im Stromsparmodus bis zu 40 Stunden) durchhält. So sind auch lange Radtouren und Trainingseinheiten problemlos zu meistern. Die Ablesbarkeit ist unter nahezu allen Lichtverhältnissen vorbildlich. Die Verarbeitung ist tadellos, es ist auch mit dünnen Handschuhen leicht bedienbar und mit einer logisch aufgebauten Menüführung ausgestattet.

Die beschriebene Verarbeitungsqualität und das unproblematische Handling gelten auch für den günstigeren Edge Explore. Dessen Akku reicht locker für eine Tagestour, die angegebene maximale Laufzeit beträgt zwölf Stunden. Wer auf Nummer sicher geht, schaltet die Stromspar-

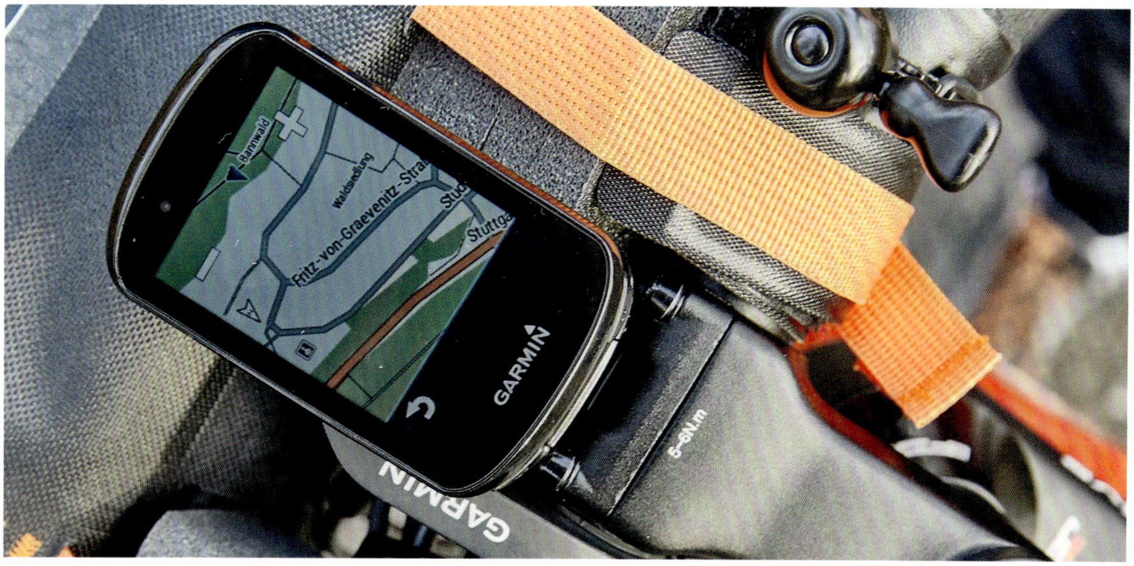


Den Garmin Edge 830 haben wir selbst ausprobiert – und uns prima zurechtgefunden.

funktion an und damit die Daueranzeige des Displays aus. Will man dann wissen, was Sache ist, genügt ein kurzer Tipp auf den Touchscreen. Auch die Navigation funktioniert tadellos, nur die Zusatzfunktionen sind beschränkt. Viele Benutzer sind darüber sogar ganz froh, weil kaum etwas vom eigentlichen Zweck – der Navigation – ablenkt. Das drei Zoll große, hochauflösende Touchdisplay ist sogar etwas größer als das des Edge 830 und kommt damit der Generation Gleitsicht durchaus entgegen.

Auf der Eurobike entdeckt, allerdings noch nicht selbst ausprobiert haben wir den Sigma ROX 12.0, der preislich auf einer Ebene mit dem Garmin Edge 830 liegt (UVP ca. 400 Euro). Bisher kennt man Sigma Sports in erster Linie als Hersteller hochwertiger und zuverlässiger Fahrradcomputer. Mit dem ROX 12.0 bietet der deutsche Hersteller nun erstmals eine Navigationsfunktion an. Bei ersten Tests von Fahrradbloggern bekam das Sigma-Gerät viel Lob für seine intuitive Bedienung, kritisiert wurde hingegen die vergleichsweise magere Akku-Laufzeit von nominell 16 Stunden, die aber in der Praxis doch deutlich kürzer ausfiel.

## NAVIGATION MIT DEM SMARTPHONE

In Zeiten von Google Maps muss man aber nicht zwingend ein komplettes Navigationssystem kaufen. Ein Smartphone, eine einigermaßen robuste Lenkerhalterung sowie spezielle Navigations-Apps führen den E-Biker ebenfalls ans Ziel. Tatsächlich lässt sich inzwischen das verbreitete Tourenplanungsprogramm Google Maps auch zur Navigation mit dem Fahrrad nutzen, dazu gibt es ein spezielles Fahrrad-Icon auf der Routenplanungsebene. Speziell für Radfahrer gemacht ist die App Naviki. Sie erkennt Fahrradwege und ermöglicht so eine Routenplanung abseits großer Straßen. Die Grundversion der App ist kostenlos. Besondere Features wie die Sprachansage oder das Auswählen spezieller Touren für ausgewählte Radtypen (Rennrad, MTB, S-Pedelec) kosten allerdings extra.

Ein Manko der Navigation per Smartphone ist allerdings der Stromverbrauch. Wer deutlich länger als eine Stunde unterwegs ist, ist gut beraten, noch einen externen Stromspeicher (Powerbank) mitzunehmen. Manche E-Biker können auch ihren Bord-Akku als Stromspender benutzen. So verfügen die Bosch-Displays Intuvia, Kiox und Nyon über eine Micro-USB-Buchse. Dort kann ein sogenanntes OTG-Ladekabel eingesteckt werden. Das Kürzel steht für On-the-Go, also für laden unterwegs. So lassen sich viele Geräte wie die vorgenannten Fahrradnavis oder auch Android-Smartphones aufladen, die ihrerseits eine Mikro-USB-Ladebuchse haben. Solche Kabel sind in großer Vielfalt im Elektrofachhandel oder übers Internet zu beziehen. iPhone-Nutzer müssen etwas länger suchen, denn Ladekabel von Micro-USB auf Apple-Lightning sind deutlich seltener zu finden. So oder so, über zehn Euro muss man nicht ausgeben. Auch über das Yamaha-Display lassen sich Elektrogeräte laden. Bei Brose hängt es davon ab, welches Display verbaut wurde, schließlich bietet Brose ein offenes System an.

TRANSPORT

# DAS E-BIKE ALS LADEGUT

**MANCHMAL SIND ELEKTROUNTERSTÜTZTE FAHRRÄDER ZWAR UNTERWEGS, ROLLEN ABER NICHT SELBST. STATTDESSEN WERDEN SIE HUCKEPACK GENOMMEN – IM AUTO, IM WOHNMOBIL ODER IM FAHRRADABTEIL DER BAHN. WIR SAGEN IHNEN, WORAUF SIE ACHTEN MÜSSEN.**

TEXT: MARTIN HÄUSSERMANN
FOTOS: HÄUSSERMANN, HERSTELLER, PD-F

Nicht immer startet die Bike-Tour vor der eigenen Haustür. Speziell dann, wenn der Urlaubsort weit entfernt und nur schwierig zu erreichen ist, muss es huckepack genommen werden. Dann muss das Kraftfahrzeug des Radlers – Auto oder auch Wohnmobil – ran. Urlauber und Pendler, die gern besonders umweltfreundlich unterwegs sind, kombinieren die Verkehrsmittel Bahn und Bike.

### BIKE UND AUTO

Widmen wir uns zunächst dem Bike-Transport mit dem eigenen Auto. Ganz so einfach wie mit einem rein muskelbetriebenen Fahrrad lässt sich der Transport eines Pedelecs nicht bewerkstelligen. Schließlich ist der Rückenwind aus der Steckdose mit einem satten Gewichtsaufschlag verbunden. Das System aus Elektromotor und Akku bringt allein im Schnitt schon zusätzliche sieben Kilogramm auf die Waage, dazu gesellt sich eine robustere Rahmenkonstruktion. Deshalb muss der Käufer mit einem Mindestgewicht von 20 Kilogramm rechnen, gängige Touren-Pedelecs wiegen sogar oft mehr als 25 Kilogramm. Damit fällt die günstige Transportlösung Dachträger eigentlich schon weg. Um einen halben Zentner ohne Gefahr für Rücken oder Karosserieblech über Kopfhöhe zu hieven, müsste man schon Gewichtheber sein. Aber selbst dann: Gängige Dachträgersysteme sind für diese Lasten in den allermeisten Fällen nicht ausgelegt. Besitzer großer Kombis oder Familienvans können auf individuelle Innenraum-Haltesysteme ausweichen, die ab 50 Euro aufwärts zu haben sind. Dann sind die Bikes schmutz- und diebstahlsicher verstaut, allerdings geht dabei Stauraum verloren

Wer den Kofferraum für Gepäck braucht, wählt einen Heckträger, der auf der Kugel der Anhängekupplung befestigt wird. Erfahrene Biker bestellen diese Anhängekupplung beim Neukauf gleich mit oder suchen sich einen entsprechend ausgestatteten Gebrauchtwagen. Nachrüstung ist zwar möglich, aber immer mit organisatorischem wie finanziellem Aufwand verbunden. Eine Nachrüstlösung ist immer teurer, als die Kupplung gleich mitzubestellen. Beim Kauf des Fahrradträgers lohnt es sich, einschlägige Vergleichstests nachzulesen, die Autozeitschriften und Autoclubs regelmäßig durchführen. Nach unserer Beobachtung landen hier regelmäßig Modelle der Marken Thule, Uebler und Atera auf den vorderen Plätzen, auch Westfalia ist meist gut platziert. Die unverbindlichen Preisempfehlungen für solche Siegertypen bewegen sich in etwa zwischen 400 und 700 Euro, in der Praxis allerdings werden sie meist günstiger gehandelt. Eine individuelle Preisrecherche lohnt sich also, einfach den billigsten Träger zu kaufen sicher nicht. Schließlich transportiert man hier

Um ins Auto verladen werden zu können, muss sich das Bike klein machen.

Profi-Mountainbiker Guido Tschugg setzt auf die robusten Wohnmobil-Bike-Träger des Spezialisten Sawiko.

wertvolles Gut. Wer 2.000 bis 5.000 Euro für sein Pedelec ausgibt, sollte nicht auf 50 Euro beim Trägerkauf schauen.

Die Träger sind in der Regel für zwei Fahrräder ausgelegt und dürfen maximal 60 Kilogramm tragen. Das passt meistens, doch darf die Stützlast, die je nach Fahrzeug zwischen 75 und 100 Kilogramm liegt, nicht überschritten werden. Dabei ist das Eigengewicht des Trägers, das zwischen rund 13 und 20 Kilogramm liegt, noch mit einzurechnen. Aber auch das sollte kein Problem darstellen. Schließlich landet der zwei bis drei Kilo schwere Akku zusammen mit anderen losen Teilen wie Fahrradcomputer oder Luftpumpe ohnehin im Kofferraum. So lässt sich an einem Auto mit hoher Stützlast unter Umständen auch ein Träger mit drei Fahrradschienen befestigen. Acht geben sollte man auf jeden Fall auf die Schienenlänge. Speziell Pedelecs mit Mittelmotoren haben oft einen größeren Radstand als normale Fahrräder und brauchen daher längere Schienen mit mindestens 1,20 Meter Länge. Wie groß der tatsächliche Achsabstand am eigenen Bike ist, lässt sich einfach mit einem Zollstock nachmessen.

## BIKE AND CAMP

Kupplungsträger eignen sich auch für kompakte Campingbusse wie den VW California oder den Mercedes Benz Viano Marco Polo. Andererseits bieten auch die Fahrzeughersteller Trägersysteme an, die direkt an der Heckklappe befestigt werden. Allerdings sind die Gasdruckfedern, die eine geöffnete Heckklappe oben halten, meist überfordert, weshalb es durchaus empfehlenswert ist, eine mechanische Stütze, beispielsweise einen Holzstiel, mitzuführen. Außerdem sind solche Träger oft ziemlich hoch angebracht, weil die StVO einen freien Blick auf Heckleuchten und Nummernschild vorschreibt. Die hohe Position aber erschwert das Be- und Entladen. Leichter geht das mit dem Fahrradträger des Herstellers Sawiko, der für Camper auf Basis des beliebten Fiat Ducato konzipiert wurde. Dieser lässt sich zum Beladen und Befestigen bis auf den Boden absenken. Danach werden die Bikes so weit angehoben, dass sowohl die Rückleuchten des Campers als auch sein Kennzeichen frei sichtbar sind. Das ist bei den Fahrradträgern, die fest an der Rückwand von Wohnmobilen befestigt sind, immer gegeben, allerdings muss man die Bikes dann immer hochwuchten.

Übrigens: Wer mit einem Heckträger nach Italien reist, muss eine rot-weiß gestreifte Warntafel montieren, die im Auto- und Campingzubehörhandel erhältlich ist. Generell gilt außerdem für den E-Bike-Transport außerhalb des Fahrzeugs: Akku und lose Teile sollten vorher entfernt und im Auto verstaut werden. Dies alles muss Besitzer von großen Vans oder Reisemobilen in aller Regel nicht kümmern. Sie lassen ihre Pedal-Stromer komplett im Heckstauraum verschwinden, wo sie vor Wind, Wetter und bösen Buben gut geschützt ans Urlaubsziel reisen.

## BIKE IN BUS UND BAHN

Viele Ziele innerhalb Deutschlands lassen sich auch problemlos mit der Bahn erreichen. Das

Ein Blick ins Fahrradabteil eines ICE 4. Hier finden bis zu acht Fahrräder Platz.

erleichtert die Tourenplanung und macht sie vor allem flexibler, denn wenn man das Auto zu Hause stehen lässt, ist man nicht mehr automatisch auf eine Rundtour zurück zum Parkplatz festgelegt. Fahrräder können in Nahverkehrs-, Intercity- und Eurocity-Zügen mitgenommen werden. Neuerdings auch auf einigen wenigen Verbindungen im ICE, vorausgesetzt auf dieser Strecke verkehrt ein ICE 4. Der jüngste Spross der Expresszüge verfügt über ein Fahrradabteil mit insgesamt acht Fahrradplätzen, die nach unserer Erfahrung sehr begehrt sind. Dennoch behandelt die Deutsche Bahn die radelnde Kundschaft – zumindest auf den Fernstrecken – eher stiefmütterlich. Bei der Modernisierung von Zügen der Generation ICE 3 wurde auf den Einbau von Fahrradabteilen verzichtet. Nicht etwa, weil es technisch schwierig gewesen wäre, die Bahn erachtete den Umbau als zu teuer und sah auch keine Nachfrage.

Im Fernverkehr sind eine Fahrradkarte sowie eine Stellplatzreservierung für das Fahrrad obligatorisch. Je früher man dies tut, desto größer ist die Chance, dass das Fahrrad auch mitkommt. Denn das Fassungsvermögen ist beschränkt. IC- oder EC-Züge nehmen je nach Konstellation zwischen acht und 16 Fahrräder mit. Am besten löst man das Ticket fürs Rad gleich beim Kauf der normalen Fahrkarte und reserviert dann gleich auch den entsprechenden Fahrradplatz. Damit es zu keinem Durcheinander kommt: direkt bei der Buchung im Internet oder via App dieses Feld anklicken: »Nur Verbindungen zur Fahrradmitnahme anzeigen«. Dann sieht man direkt, in welchen Zügen das Rad mitgenommen werden kann. Wer am Schalter bucht, kann die Mitarbeiter vor Ort danach fragen. Keine Sorgen haben übrigens Besitzer von Falträdern. Im zusammengeklappten Zustand gelten sie als Gepäckstück und dürfen somit immer kostenfrei transportiert werden. Gleiches gilt übrigens auch für teilzerlegte Fahrräder, die in speziellen Koffern oder Kartons transportiert werden.
In einzelnen Verkehrsverbünden und Bundesländern ist die Fahrradmitnahme kostenlos, oft aber zeitlich reglementiert. Während des Berufsverkehrs ist die Fahrradmitnahme oft ganz verboten. Vor Reiseantritt empfiehlt sich also eine Lektüre der Beförderungsbedingungen auf den Internetseiten der Deutschen Bahn.
Faltradbesitzer haben auch kein Problem beim multimodalen Pendeln, bei dem man die sogenannte letzte Meile mit dem Fahrrad fährt, die Hauptstrecke aber auf der Schiene zurücklegt. Denn in den Pendlermetropolen wie Stuttgart, München, Frankfurt oder Hamburg hat der Pendler keinen Anspruch auf Fahrradmitnahme. In Hamburg, Hannover, Stuttgart und München ist die Radmitnahme zur Hauptpendlerzeit in der S-Bahn gar ganz verboten. Auch in U-Bahnen, Straßenbahnen oder Bussen deutschlandweit ist das Fahrrad leider oft nicht gern gesehen.

» IN U-BAHNEN SIND FAHRRÄDER LEIDER OFT NICHT GERN GESEHEN. EIN FALTRAD GILT ABER ALS GEPÄCKSTÜCK. «

## NÜTZLICHES ZUBEHÖR

# KLEINE HELFERLEIN

**DAS FAHRRAD ALLEIN MACHT ES NICHT. RICHTIG RUND WIRD DIE SACHE ERST MIT DER RICHTIGEN AUSSTATTUNG. DAS BEGINNT BEIM HELM UND HÖRT BEI DEN PACKTASCHEN NOCH LANGE NICHT AUF.**

TEXT: MARTIN HÄUSSERMANN
FOTOS: HÄUSSERMANN, HERSTELLER

»*Looks like shit. But saves my life.*« Das heißt übersetzt: »Sieht scheiße aus, aber rettet mein Leben«, und war der Slogan einer höchst zweifelhaften Plakataktion des Bundesverkehrsministeriums. Die dann auch prompt einen dicken Shitstorm erntete. Über den Stil der Kampagne kann man geteilter Meinung sein, deshalb wollen wir uns darüber nicht weiter auslassen. Aber den Inhalt können wir nicht unwidersprochen lassen: Moderne Fahrradhelme sehen überhaupt nicht sch..., sondern sogar ziemlich gut aus. Das zeigt eine kleine Auswahl an Kopfbedeckungen, die wir hier vorstellen.

Den ganzen Markt können wir natürlich nicht abbilden, das Angebot ist dafür einfach zu groß, bedeutet allerdings: Es findet tatsächlich jeder Kopf seinen Deckel. Das betrifft den Einsatzzweck, die Optik und auch die Passform. Der Sicherheitsspezialist Abus beispielsweise hat für S-Pedelec-Fahrer den Helm Pedelec+ (ca. 140 Euro) entwickelt. Seine stoßdämpfende EPS-Schicht ist dicker als bei herkömmlichen Modellen, und der Schläfen- und Nackenbereich ist besonders tief heruntergezogen. Damit erfüllt er eine in den Niederlanden etablierte Norm, die auch in der EU diskutiert wird.

### HELME MIT KÖPFCHEN

Viele Hersteller wie Abus, aber auch Smith, Scott, Lazer oder KED setzen auf das sogenannte MIPS-System. MIPS steht für Multi-Directional Impact Protection System, also für ein System, das vor Rotationskräften schützt, die im schlimmsten Fall das Hirn schädigen, auch wenn der Schädel selbst unverletzt bleibt. Diese Technologie, die von Biomechanikern und Neurowissenschaftlern entwickelt wurde, soll ebensolche Unfallfolgen mildern. Dazu wird in die harte Außenschale eine dünne zweite Schale schwimmend gelagert. Wenn nun ein Aufschlag auftritt, wird die dabei entstehende Rotationskraft zumindest nicht komplett auf den Kopf übertragen, sondern weitgehend durch die Bewegung zwischen erster und zweiter Schale abgebaut. Ein wissenschaftlicher Beweis der erhöhten Sicherheit steht zwar noch aus, doch hat der Autor im unfreiwilligen Selbstversuch diesen Schutz in Anspruch genommen. Außerdem stellt er fest: Der Tragekomfort von MIPS-Helmen ist dank der anpassungsfähigen Innenschale sehr gut. Das ist an und für sich schon ein Sicherheitsplus, denn ein angenehm zu tragender Helm wird auch immer getragen. Mit MIPS ausgestattete Helme kosten je nach weiterer Ausstattung und Hersteller zwischen 60 und 250 Euro.

**Alles dabei: Für seinen Packtaschenklassiker Back Roller bietet Ortlieb jetzt Innentaschen, mit denen sich Reise- oder auch Bürogepäck sinnvoll organisieren lässt.**

ORTLIEB
MAXXIS

Sicher ins Gelände: Abus Montrailer (grün, ab 130 Euro) und Smith Forefront 2 (ab 200 Euro) gehören zu dem Tophelmen für E-MTB-Piloten und sind beide auch in MIPS-Versionen erhältlich.

Licht am Hut: Im Helm integrierte LED-Rückleuchten sind im Stadtverkehr ein echtes Sicherheitsplus. Der Abus Urban-I 3.0 (ca. 85 Euro) punktet mit gutem Preis-Leistungs-Verhältnis, der KED Mitro UE-1 MIPS (ca. 160 Euro) mit hochwertiger Ausstattung und extravagantem Schick.

Es ist sicher keine schlechte Idee, einen solchen Helm in einer auffälligen Farbe zu kaufen. Helme für den urbanen Einsatz werden zudem auch mit integriertem LED-Rücklicht angeboten. Kombiniert mit entsprechender Kleidung, wird der E-Biker auch bei schwierigen Lichtverhältnissen im Verkehr so besser wahrgenommen. Sehen und gesehen werden – beides fördert die Sicherheit beim Biken. Allerdings sind speziell Sportgeräte wie E-MTBs oder Rennräder nicht von Haus aus mit Beleuchtung ausgestattet. Wer auch gern in der Dämmerung unterwegs ist, tut gut daran, akkubetriebene Stecklichter zu montieren. Wirklich gute Scheinwerfer bietet der Fachhandel ab zirka 80 Euro an, Rücklichter sind schon für rund 20 Euro zu haben.

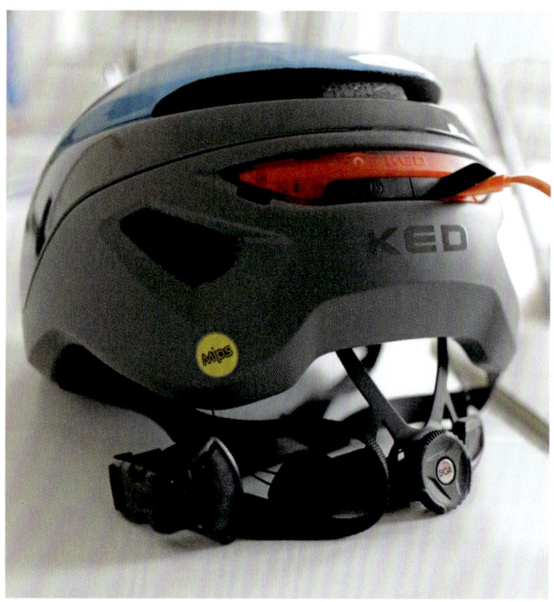

Alpen-Kreuzer: Der Trans Alpine Pro 28 (ca. 180 Euro) vom Rucksackspezialisten Deuter eignet sich nicht nur für eine Transalp, sondern auch für Bike-Touren aller anderen Kategorien. Er überzeugt durch sehr gute Anpassungsfähigkeit, erstklassige Verarbeitung und durchdachte Konstruktion.

Einfach mal raus: Viele Bikepacker verlassen sich auf Taschen von Ortlieb, die direkt am Rahmen montiert werden und komplett wasserdicht sind. Ein Komplettset besteht aus der sogenannten Arschrakete (ab 130 Euro), der Lenkertasche (ab 100 Euro) sowie der Rahmentasche (ab 100 Euro). Als Ergänzung oder Alternative empfiehlt sich der Rucksack Atrack (ca. 180 Euro).

# SICHER TRANSPORTIEREN

Jacken und andere Utensilien einfach auf den Gepäckträger zu spannen ist nur die zweitbeste Idee. Im besten Fall wird das Gepäck dort nur dreckig, im schlechteren Fall geht es unterwegs verloren, und im schlimmsten Fall bringt eine Jacke in den Speichen das Hinterrad zum Blockieren – und den Biker zum Sturz. Lange Rede, kurzer Sinn: Gute Transportbehältnisse sind alles andere als Luxus. Alltagsradler und Tourenfahrer nutzen Gepäcktaschen, die so am Gepäckträger fixiert werden, dass sie nicht wackeln und damit auch keine Instabilität am Heck erzeugen. Ein Klassiker unter diesen Taschen – beim Autor schon 15 Jahre im Einsatz – ist der Back Roller von Ortlieb, der in verschiedensten Varianten erhältlich ist. Eine satisfaktionsfähige Alternative bietet Outdoor-Ausrüster Vaude mit der Aqua Back, ebenfalls in vielen Varianten erhältlich. Beide Modelle sind in Vergleichstests regelmäßig ganz weit vorn zu finden.

E-Mountainbikes und -Rennräder verfügen meist über keine Gepäckträger. Die Fahrer tragen ihr Gepäck auf dem Rücken und haben damit praktisch auch gleich einen Rückenprotektor. Der Rucksackbauer Deuter kreierte sogar einen Rucksack mit integriertem Protektor. Der Attack ist in verschiedenen Größen lieferbar und ab 170 Euro zu haben. Darüber hinaus bieten die bayerischen Schwaben auch Rucksäcke, in denen sich Ersatz-Akkus sicher verstauen lassen, oder solche, die für eine Transalp taugen.

Manche wollen mit sportlichen Rädern auf Tour gehen und vielleicht auch mal in der freien Natur übernachten – wir reden vom wachsenden Trend Bikepacking. Ein großer Spaß, wie wir aus eigener Erfahrung wissen. Und auch dafür gibt es die passenden Taschen, die sich sicher am Fahrradrahmen befestigen lassen – mit erstaunlich großem Fassungsvermögen. Auch hier sind die Gepäckspezialisten von Ortlieb und Vaude ganz vorn dabei. Hier, wie eigentlich immer, gilt: Gutes hat seinen Preis.

Praktische Packtasche: Die Aqua Back Plus bietet neben einem geräumigen Hauptfach noch eine aufgesetzte Außentasche für Krimskrams, an den man unterwegs schnell herankommt. Sie ist aus wasserdichtem PVC-freien Planenmaterial, das Paar kostet 160 Euro.

Heilig's Blechle: SKS-Fender sind weder aus dem Schwabenland noch aus Blech, aber schützen Biker vor Spritzwasser. Das Nightblade (ca. 40 Euro) für E-MTBs verfügt sogar über ein integriertes Rücklicht. Die Speedrocker (Set ca. 50 Euro) sind die besten Freunde von Allwetterrennradlern.

Alltagsrenner: Mit dem kinderleicht zu montierenden Schutzblechset Speedrocker von SKS werden Rennräder und Graveller schlechtwettertauglich.

Licht am Rad:
Wenn es um Fahrradbeleuchtung geht, gehört Busch & Müller zu den ersten Adressen. Für Racer und E-MTB-Fahrer haben die Spezialisten zwei am Lenker montierbare Leuchten konstruiert, die beide der StVO entsprechen und sich per USB-Kabel aufladen lassen. Die Ixon Core (ca. 70 Euro) mit 50 Lux Leuchtstärke ist die Vernunftvariante, die größere Ixon Space (ca. 200 Euro) macht mit maximal 150 Lux die Nacht zum Tag, lässt sich aber nach Anforderung dimmen. Die Ixxi (ca. 23 Euro) ist die kleinste und leichteste StVZO-taugliche Akku-Rückleuchte am Markt.

Der Blick zurück:
Bei S-Pedelecs ist der Rückspiegel ohnehin vorgeschrieben, im Stadtverkehr ist er ein Sicherheitsplus. Die Investition für den Cycle Star (ca. 16 Euro) von Busch & Müller ist dafür überschaubar.

Gut zu Fuß:
Auf Touren sitzt man nicht immer im Sattel. Bequeme Radschuhe mit gut profilierten Sohlen sind da durchaus willkommen. So wie das Shimano-Modell ET-500 (ca. 100 Euro) mit steifer Sohlenzwischenplatte zur besseren Kraftübertragung aufs Pedal. Der E-MTB-Schuh XM7 (ca. 200 Euro) kann auch mit Klickpedalen gefahren werden und ist mit Goretex ausgestattet.

## FAHRTECHNIK

# MIT SICHERHEIT VIEL FAHRSPASS

**OB UMSTIEG ODER NEUEINSTIEG – E-BIKEN BRAUCHT EIN WENIG EINGEWÖHNUNG UND ÜBUNG. WIR GEBEN GRUNDLEGENDE FAHRTECHNIK-TIPPS FÜRS RADELN MIT RÜCKENWIND.**

TEXT: MARTIN HÄUSSERMANN/THOMAS DANZ
FOTOS: MARTIN HÄUSSERMANN, KAY TKATZIK/PD-F

»Und jedem Anfang wohnt ein Zauber inne, der uns beschützt und der uns hilft, zu leben.« Diese Zeilen stammen aus dem Gedicht *Stufen* von Hermann Hesse – sie passen frei interpretiert auch zum E-Biken. Ob man vom rein muskelbetriebenen Fahrrad umsteigt oder von der Couch aufsteht und sich in den Sattel schwingt, es ist ein Anfang. Damit dieser wirklich zauberhaft wird und schließlich das Leben versüßt, bedarf es einer Eingewöhnungszeit und etwas Übung.

### DIE ERSTEN METER

Ein E-Bike ist ein Fahrrad. Das klingt zunächst banal, tatsächlich fährt sich das Elektrorad wie ein Velo gleicher Radgattung – solange man ohne Unterstützung unterwegs ist. Umsteiger und Einsteiger gewinnen Sicherheit, indem sie die ersten Meter mit dem neuen Bike ohne Motor fahren. Das erinnert ans muskelbetriebene Fahrrad und schafft zunächst grundlegendes Vertrauen. Erst dann wird der Motor zugeschaltet. An den zusätzlichen Schub während der Fahrt gewöhnt man sich schnell. Das Anfahren mit Motorunterstützung jedoch will gelernt sein. Am besten beginnt man mit der niedrigsten Unterstützungsstufe in einem verkehrsberuhigten Umfeld, zum Beispiel auf einem Schulhof – und tastet sich dann langsam in die höheren Leistungsbereiche vor.

### RICHTIG BREMSEN

Fast noch wichtiger aber ist es, sich mit den Bremsen des neuen Bikes vertraut zu machen. Schließlich sind viele Umsteiger bis dahin meist Fahrräder mit Felgenbremsen gefahren, die nur moderat verzögern – ganz im Gegensatz zu den hydraulischen Scheibenbremsen, mit denen viele moderne Pedelecs heute ausgestattet sind. Die reagieren viel spontaner, brauchen weniger Handkraft und verzögern deutlich besser. Höhere Durchschnittsgeschwindigkeiten und das Mehrgewicht von Motor und Antrieb verlangen eine höhere Bremsleistung – und von Fahrer oder Fahrerin stetige Bremsbereitschaft sowie eine saubere Bremstechnik. Um ein Gefühl für das Bremsverhalten des neuen Zweirads zu bekommen, hilft zunächst ein bewusstes Blockieren des Hinterrads. »Nur wer weiß, wie sich ein ausbrechendes Hinterrad anfühlt, lernt es zu beherrschen. Bricht das Hinterrad zu stark aus, einfach kurz die Bremse lösen, und das Rad zieht wieder in seine gewohnte Bahn«, sagt Jan Zander, Betreiber der Mountainbike-Schule Trailtech.

Einen möglichst kurzen Bremsweg erreicht man aber erst durch den Einsatz von Vorderrad- und Hinterradbremse. Im Vorfeld muss sich der Fahrer im Klaren darüber sein, welcher Hebel auf welche Bremse wirkt. Traditionell betätigt bei Fahrrädern – und damit auch bei Pedelecs – der linke Hebel die vordere Bremse und der rechte die hintere. Das stammt aus der Zeit, als Bremsen komplett mechanisch über Bowdenzüge betätigt wurden. Der Seilzug nach hinten war länger,

Ein enger Slalomkurs schult die Balance und das Gefühl für das Handling des Bikes.

Eine gute Übung fürs Bremsen bergab: Gewicht hinter den Sattel bringen.

machte mehrere Bögen und war mithin etwas schwerer zu betätigen. Und weil man annahm, dass die meisten Menschen in der rechten Hand mehr Kraft haben, sollte diese die etwas schwergängigere Bremse bedienen. Motorrad- und Mopedfahrer seien hier besonders gewarnt, denn bei ihren Gefährten wird die vordere Bremse mit der rechten Hand betätigt.

Die größte Verzögerungskraft baut die Vorderradbremse auf, bei falscher Dosierung kann sie einen aber auch aus dem Sattel werfen. Ein blockierendes Vorderrad ist also tunlichst zu vermeiden. Hier gilt es, sich an die optimale Dosierung durch mehrfaches Üben heranzutasten. Im Idealfall baut man mit der Vorderradbremse dann zwei Drittel der gesamten Bremskraft auf. »Doch nicht nur die Armkraft, auch der Untergrund entscheidet über das Verhalten des Vorderrads. Auf glatten Untergründen wie Schnee oder Schotter sollte die Vorderradbremse behutsamer eingesetzt werden«, rät der Fahrtechniklehrer. Die ideale Körperhaltung bei einer Vollbremsung beschreibt Zander wie folgt: »Man verlässt den Sattel und bringt den Körperschwerpunkt etwas hinter den Sattel. Arme und Beine sind dabei fast gestreckt und stützen sich gegen Pedal und Lenker. Die Arme nie komplett durchstrecken, so hat man weiterhin Spielraum für kleinere Lenkbewegungen.« Übrigens: Gebremst wird jeweils mit zwei Fingern an den Bremsen. Moderne starke Scheibenbremsen erlauben auch einen Finger.

Bordsteinkanten und Schlaglöcher gehören zum Biker-Alltag. Oft kann man sie mit vorausschauender Fahrweise vermeiden, aber eben nicht immer. Wer diese Hindernisse handgelenk- und vorderradschonend überwinden will, dem rät Jan Zander zum bewussten Entlasten des Vorderrads. Der Bewegungsablauf ist leicht beschrieben, bedarf aber einer gewissen Routine: »Ein guter Anfang wäre, eine niedrige Bordsteinkante oder ein Stöckchen auf dem Übungsplatz mit dem Vorderrad zu überwinden. Dafür fährt man unbedingt im Stehen und mit waagerechter Kurbelstellung auf das Hindernis zu. Arme und Beine sind leicht angewinkelt. Kurz vor der Kante beugt man die Arme stark ein, bringt den Oberkörper in Richtung Lenker (Liegestützposition), um dann impulsartig das Körpergewicht nach hinten oben zu verlagern. Die Arme sind nun gestreckt, das Vorderrad wird entlastet und setzt behutsam hinter dem Hindernis auf«, erklärt Zander. Wichtig: Reißt man zu stark am Lenker und droht dadurch nach hinten zu kippen, reicht ein beherzter Zug am Hebel der Hinterradbremse, und schon sinkt das Vorderrad zu Boden. Daher gehört nicht nur bei dieser Technik mindestens ein Finger an die Bremse. Generell gilt: Bordsteinkanten am besten im rechten Winkel anfahren. Sollte die Technik nämlich nicht gelingen, verhindert man ein Wegrutschen – und auch der Reifen wird es danken.

## SICHER UMS ECK

E-Bikes beschleunigen und verzögern nicht nur besser als das alte Fahrrad, dank verbesserter Fahrwerke und moderner Reifen geht es mit ihnen auch flott ums Eck – die richtige Technik

Sogenannte Stoppies mit blockiertem Vorderrad sollte man Profis überlassen (links), das Überfahren von Bordsteinen hingegen zählt zum kleinen Einmaleins.

Kurven fahren ist (k)eine Kunst. Wer das kurvenäußere Bein streckt und belastet, kommt sicher ums Eck.

vorausgesetzt. Generell sollte beim Kurvenfahren das kurveninnere Pedal immer oben sein. Zum einen hilft das, gefährliche Aufsetzer in Schräglage zu vermeiden, zum anderen stabilisiert bewusst ausgeübter Druck auf das kurvenäußere – tiefe – Pedal das Gleichgewicht bei der Kurvenfahrt. Auch diese Technik sollte auf einem Hof oder einem leeren Parkplatz geübt werden. Wie beim Auto oder beim Motorrad gilt beim Fahrrad: Die Blickrichtung entscheidet, wohin wir fahren. »Wer den Kopf vom Vorderrad löst und vorausschaut, fährt sicherer«, weiß Jan Zander. Für eine Kurvenfahrt bedeute das: »Man dreht Kopf und Oberkörper aktiv in die Kurvenrichtung und schaut frühzeitig aus der Kurve hinaus. So meistert man auch enge Kurven viel besser. «

## VORAUSSCHAUENDES FAHREN

Umsicht ist das A und O bei der Teilnahme im Straßenverkehr. Gerade der E-Biker tut gut daran, Situationen schnell einzuschätzen, um adäquat reagieren zu können. Denn andere Verkehrsteilnehmer assoziieren mit dem Anblick eines Radlers keine hohen Geschwindigkeiten. Das fällt etwa in Vorfahrtsituationen ins Gewicht – ein wartepflichtiger Autofahrer, der sich vor einem normal schnellen Radfahrer noch ganz gut einfädeln könnte, verschätzt sich beim E-Biker möglicherweise. Für andere Verkehrsteilnehmer mitzudenken ist dem E-Bike-Piloten also angeraten, erst recht, wenn er ein S-Pedelec jenseits der 30 Stundenkilometer bewegt.

# REISE

DONAURADWEG
KÄRNTEN
ENZTALRADWEG
SEIDENSTRASSE, TEIL 2
MONGOLEI
BIKEPACKING-BARCAMP
TRAIL-RULES

4

## DONAURADWEG

# DONAU SO BLAU

TEXT UND FOTOS: MARTIN HÄUSSERMANN

**DER DONAURADWEG IST GUT 35 JAHRE ALT UND DER KLASSIKER UNTER DEN EUROPÄISCHEN FERNRADWEGEN UND ENTSPRECHEND BELIEBT. DAS BEFÜRCHTETE VERKEHRSCHAOS JEDOCH BLIEB AUS. STATTDESSEN PRÄSENTIERTE SICH DER RADWEG AUF DEM ABSCHNITT ZWISCHEN ULM UND PASSAU SEHR ENTSPANNT UND ABWECHSLUNGSREICH.**

Wir haben uns verfahren. Das meint zumindest der Mechaniker des Fahrradfachhändlers Transvelo in Stuttgart, als wir unsere Fahrräder am frühen Samstagmorgen in den Laden schieben. Mit leicht panischem Gesichtsausdruck schildere ich ihm mein Problem: »Wir wollen auf den Donauradweg, und nun hat sich auf den ersten Kilometern meine hintere Bremse verabschiedet.« Tatsächlich hatte ich vor Beginn der Radtour an meinem Riese-&-Müller-Delite vorn und hinten die Bremsbeläge gewechselt. Vorn alles easy. Aber hinten ließen sich die Bremskolben zum Einbau der Bremszange nur mit großem Kraftaufwand auseinanderdrücken. Dabei habe ich vermutlich eine Membran im Kolben verletzt. Was bei der Probefahrt noch funktionierte, entwickelte sich auf der ersten langen Bergabpassage zum Problem: Der rechte Bremshebel fiel schlagartig bis zum Griff durch. Glücklicherweise bremste das Bike vorn tadellos.

»Ihr seid hier übrigens am Neckar, nicht an der Donau«, bemerkt der Mechaniker mit einem Lächeln, hat aber großes Verständnis dafür, dass ich nicht mit einer defekten Bremse die nächsten 500 Kilometer fahren will. Auch weil er selbst Radreisender ist, verspricht er kurzfristige Hilfe: »Ihr geht jetzt mal in Ruhe einen Kaffee trinken, in einer Stunde sehen wir uns wieder.« Bis dahin soll der Bremskolben sowie die ebenfalls in Mitleidenschaft gezogene Bremsscheibe gewechselt sein. Tatsächlich dauert es etwas länger, doch meine Dankbarkeit für die spontane Hilfe ist groß, als ich mich wieder in den Sattel schwinge.

Jetzt geht's endlich richtig los. Wir wollen nach Passau – über den Donauradweg. Der startet, wie unser hilfsbereiter Schrauber richtig bemerkt hat, natürlich nicht in Stuttgart – und schon gar nicht in unserer schwäbischen Heimatstadt Gerlingen. Aber die Idee war, an der eigenen Haustür zu starten und dann von Passau aus mit der Bahn bis nach Stuttgart zurückzureisen. Jetzt haben wir aber durch die Panne schon mal ordentlich Zeit verloren. Um diesen

Am Fluss oder auch an den vielen Seen entlang des Donauradwegs kann man getrost die Seele baumeln lassen – oder die Beine im Wasser.

»
EINE REGION AUS DEM FAHRRADSATTEL ZU ERLEBEN ERÖFFNET NEUE PERSPEKTIVEN.
«

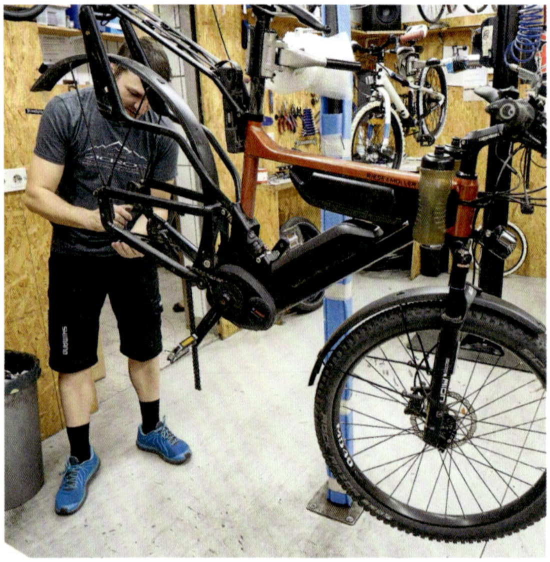

Bevor es entspannt am Strand der Donau entlanggeht, muss erst einmal der Bikemechaniker des Stuttgarter Fachgeschäfts Transvelo ran.

Wer nicht vorgebucht hat, fährt einfach dem Schild »Radlerübernachtung« nach (oben). Die Streckenführung verläuft zum großen Teil abseits des großen Verkehrs, immer wieder auch auf Schotterwegen.

Die Region am Donauradweg ist vom katholischen Glauben geprägt. Entsprechend finden sich viele barocke Sakralbauten entlang der Strecke. Hier ein Blick in die Hofkirche »Unserer lieben Frau« in Neuburg.

Zeitverlust auszugleichen, entscheiden wir uns dafür, die erste Etappe dadurch abzukürzen, dass wir mit der S-Bahn Richtung Kirchheim an der Teck fahren. Die Stadt Stuttgart und ihre nähere Umgebung haben wir schließlich schon reichlich beradelt. Allerdings ist damit unsere ursprüngliche Streckenplanung obsolet geworden, und wir müssen beim Routing improvisieren. Eine Karte, etwas Ortskenntnis sowie ein Fahrradnavi bringen uns aber – mit kleinen Umwegen – sicher ans Ziel. Tatsächlich ist die Zubringeretappe die schwierigste und streckenmäßig anspruchsvollste. Immerhin müssen wir den Aufstieg auf die Schwäbische Alb bewältigen.

## IM BEKANNTEN DAS NEUE ENTDECKEN

Obwohl das eigentlich noch im weitesten Sinne Nachbarschaft ist, die wir durch Fahrten mit Auto und Motorrad eigentlich schon zur Genüge kennen sollten, sehen wir viel Neues. Wir benutzen keine der üblichen Durchgangsstraßen und sind natürlich auch langsamer unterwegs. Eine Region aus dem Fahrradsattel zu erleben eröffnet neue Perspektiven.

Während wir unsere letzte große Radreise – den Elbradweg – von einem darauf spezialisierten Reiseveranstalter haben organisieren lassen, haben wir dieses Mal das Heft komplett selbst in die Hand genommen. Das ist zwar zeitaufwendig, dafür wird die Tour aber maximal individuell – und die Planung erzeugt auch noch ein großes Maß an Vorfreude. Wo kommen wir überall durch, welche Sehenswürdigkeiten finden wir entlang der Strecke, und in welcher

Die pittoreske Stadt Neuburg bietet durchreisenden E-Bikern – als lobenswerte Ausnahme – abschließbare Fahrradgaragen an.

Stadt wollen wir uns vielleicht ein wenig genauer umsehen? Diese Fragen sind neben der täglichen Kilometerleistung die wesentlichen Aspekte der Streckenplanung. So wurden Städte, die wir intensiver besichtigen wollten, zu Etappenorten. Der strategische Vorteil: Das Sightseeing ist zu Fuß und mit leichtem Gepäck möglich, Fahrrad und Packtaschen bleiben in dieser Zeit sicher eingeschlossen im Quartier. Dies muss übrigens keineswegs immer ein Hotel oder eine Pension sein, die dezidiert mit ihrer Fahrradfreundlichkeit wirbt. Wir wurden überall mit unseren E-Bikes freundlich willkommen geheißen, und wenn keine Garage oder Abstellraum vorhanden war, durften die Bikes auch mal in einem Besprechungsraum übernachten. Klug ist es allerdings, solche Eventualitäten vor der endgültigen Buchung abzuklären.

## KREATIVE QUARTIERWAHL

Elke, die Quartiermeisterin für diesen Trip, surfte durch die Buchungsportale und zeigte sich bei der Auswahl sehr kreativ. Wer kommt schon auf die Idee, sich auf einer Radreise in einem Maritim-Hotel einzubuchen? Die beste Ehefrau von allen schon. Denn das Maritim in Ulm liegt direkt an der Donau, mithin auch am Radweg. Das ebenfalls direkt am Strom liegende legendäre Fischerviertel ist ebenso wie das Ulmer Münster (mit dem höchsten Kirchturm der Welt) bequem zu Fuß zu erreichen. Und wenn man am Pfingstwochenende ein Zimmer in einem solchen Business-Hotel anfragt, bekommt man auch annehmbare Raten – und vor dem Start ein angemessenes

Entschleunigung bietet der Donauradweg reichlich: Ob man nun kurz vor Passau den Fluss nochmals mit einer Fähre überquert oder den Schafen beim Weiden zuschaut.

Frühstück. Weil der Schreiber dieser Zeilen nicht nur Fahrräder, sondern auch alte Autos mag, erschien die Übernachtung im Classic Oldtimer Hotel in Ingolstadt naheliegend. Dieses Boutique-Hotel ist im selben Gebäude untergebracht wie ein großer Oldtimer-Händler, Empfang und Frühstücksraum sind vom mit feinen Klassikern bestückten Showroom nur durch eine dicke Glasscheibe getrennt.

Den Kontrast hierzu bildet das Park Hotel Maximilian in Regensburg, ein altehrwürdiger Bau im Zentrum der Stadt, die Papst Benedikt XVI. zum Ehrenbürger ernannte. Seit 2006 gehört die wunderbar erhaltene Altstadt Regensburgs zum UNESCO-Weltkulturerbe. Im Zentrum dieser pittoresken Stadt steht auch deren Wahrzeichen, der Dom – unter anderem Heimat

In Passau fließen die drei Flüsse Donau (dunkel), Inn (hell) und Ilz (verdeckt durch den Schlossturm) zusammen.

## TOURDATEN

**Allgemein**

Der Donauradweg ist der wahrscheinlich beliebteste und sicher längste Flussradweg Europas und begleitet den mit 2.850 Kilometern zweitlängsten Fluss Europas fast auf seiner gesamten Strecke von Donaueschingen bis ans Schwarze Meer. Wir waren auf dem rund 400 Kilometer langen Abschnitt zwischen Ulm und Passau unterwegs.

**Fahrkönnen / Kondition**

Wer sicher Rad fahren kann, bewältigt auch den Donauradweg sicher. Auch wenn der Weg weitgehend flach ist, sind eine durch Tagestouren antrainierte Kondition sowie gutes Sitzfleisch wichtige Grundlagen für eine genussvolle Tour.

**Routenplanung / Übernachtung**

Geht problemlos mit den auf der Donauradweg-Homepage zur Verfügung gestellten Informationen (www.donau-radweg.info). Die helfen auch – wie in unserem Fall – bei individueller Etappenplanung. Unsere Etappen betrugen zwischen 85 und 110 Kilometer am Tag. Die Quartiere haben wir im Voraus über Booking.com gebucht. Sie reichten von typischen Biker-Hotels über Business-Hotels wie das Maritim in Ulm bis hin zu einem exquisiten Haus wie dem Park-Hotel Maximilian in Regensburg oder dem originellen Classic Oldtimer Hotel in Ingolstadt, das mit 135 Euro pro Nacht für zwei Personen auch das teuerste war. Unsere Bikes waren in allen Häusern stets sicher untergebracht. Unsere Route: Gerlingen-Ulm-Donauwörth-Ingolstadt-Regensburg-Bogen-Passau.

**Orientierung**

Bis auf wenige Ausnahmen ist der Radweg sehr gut ausgeschildert. Zur Quartiersuche am jeweiligen Ziel empfiehlt sich ein Fahrradnavigationsgerät oder ein Smartphone mit entsprechender App.

der Regensburger Domspatzen. Weil hier auch die Fürstenfamilie von Thurn und Taxis zu Hause ist und deren – nur teilweise zugängliches – Schloss St. Emmeram zumindest eine Stippvisite wert ist, kommen wir an diesem Vormittag erst sehr spät los. Erfreulicherweise gewährt uns das Hotel Maximilian ein Check-out bis zwölf Uhr.

### ES MUSS NICHT IMMER KAVIAR SEIN

Aber wie sagte schon Johannes Mario Simmel: »Es muss nicht immer Kaviar sein.« Nach einem langen Ritt freuen wir uns auch über eine einfache Pension am Donauufer in Bogen, wo die Bikes in einer Garage untergebracht und geladen werden können und die Chefin noch selbst kocht. Und zwar sehr gut. Nach der deftigen Mahlzeit ist noch ein kleiner Verdauungsspaziergang angesagt, inklusive eines malerischen, fast schon kitschigen Sonnenuntergangs über der Donau (blättern Sie mal ein bisschen zurück, und Sie wissen, was ich meine). Diese ruhige Stimmung ist mindestens so schön wie unsere Bootsfahrt durch den Donaudurchbruch bei Kloster Weltenburg oder die lebendige Drei-Flüsse-Stadt Passau, in der wir der größten Orgel der Welt lauschen oder, oder, oder ... Aber wissen Sie was? Radeln Sie doch einfach selbst mal hin, Sie werden es genießen!

Nein, das ist kein Gag, der Donauradweg verläuft tatsächlich ein Stück lang parallel zum Bayrischen Bierradweg. Hier das Start- und Zieltor bei Vilshofen.

Aldersbacher
Wolferstetter
Jandelsbrunner
Klettern verboten!
Eltern haften für
ihre Kinder.
Arcobräu

## KÄRNTEN

# DRAU DICH DOCH

TEXT UND FOTOS: MARTIN HÄUSSERMANN

**DER SÜDEN KÄRNTENS IST EIN PARADIES FÜR BIKER. EIN MILDES KLIMA MIT VIEL SONNE LOCKT DIE MENSCHEN NACH DRAUSSEN. EINE KULTURLANDSCHAFT GEPRÄGT VON HOHEN BERGEN, SAFTIGEN WIESEN, KLAREN SEEN UND FLÜSSEN BILDET EINE BÜHNE, AUF DER MAN SICH AUF ZWEI RÄDERN BESTENS ERHOLEN KANN.**

Nägel sind die natürlichen Feinde des Radfahrers. Eigentlich. Andererseits sind verlorene Hufnägel auf Fahrradwegen oder öffentlichen Straßen noch seltener als ein Sechser im Lotto – und außerdem macht das Schmieden von Hufnägeln einen Heidenspaß. Dazu hat uns Josef »Peppi« Moric eingeladen, der Vorsitzende des Schmiedevereins Suetschach im Rosental. Moric hat mit Gleichgesinnten das kleine Schmiedemuseum aufgebaut, das Besucher in vergangene Jahrhunderte entführt. Über Jahre sammelte der gelernte Büchsenmacher Schmiedewerkzeug und Schmiedeprodukte, die hier in zwei kleinen Räumen von der Vergangenheit erzählen. In Suetschach hat diese Kunst Tradition, die Dorfschmiede wurde 1525 erstmals erwähnt, der letzte Schmied verstarb 1969. Peppi Moric berichtet: »Die Dorfschmiede stand dann leer, bis sie die Gemeinde gekauft hat. Nun ist sie ein Museum, alle Werkzeuge sind in Vereinsbesitz, und wir treffen uns hier auch drei- bis viermal pro Woche zum Schmieden.« Schließlich hat er mit Vereinsfreunden die alte Dorfschmiede wieder zum Leben erweckt, in der auch wir Fahrradtouristen – nach Voranmeldung versteht sich – in die Grundkenntnisse des Schmiedens eingeführt werden. Die Hufnägel, die wir mit kräftigen Hammerschlägen aufs glühende Eisen formen, sind nicht mustergültig, aber individuell. Mein Hufnagel soll mich künftig auf Radtouren begleiten – als Talisman zur Vermeidung von Plattfüßen.

### EIN WAHRES BIKER-PARADIES

Wir sind hier in einem wahren Biker-Paradies unterwegs. Das wurde uns schon kurz nach der Ankunft im Landhotel Rosentaler Hof bewusst, das neben Gästebetten auch noch einen schlichten, aber schön gelegenen Wohnmobilstellplatz vor der Haustür anbietet. Hotelbesitzer Herbert Stefan sieht dem Neuankömmling seinen Reisestress an und meint: »Ein kleine Radrunde wäre doch ein schöner Ausgleich, außerdem bekommt ihr dann auch einen guten Appetit

Biken und Baden: Der idyllisch gelegene Ferlacher Badesee vor der eindrucksvollen Kulisse der Karawanken lädt Biker zu einer erfrischenden Pause ein.

»
# NÄGEL SIND DIE NATÜRLICHEN FEINDE DES RADFAHRERS. EIGENTLICH.
«

Beim Schmiedeverein Suetschach lernen wir: Man muss das Eisen schmieden, solange es heiß ist.

Mit Hingabe sammelte Peppi Moric altes Schmiedewerkzeug und legte damit die Grundlage für das Schmiedemuseum.

fürs Abendessen.« Wie recht er hat. Also: das Bike runter vom Heckträger, rein in die Radklamotten und los geht's. Ausgestattet mit einer Karte mit eingezeichnetem Tourenvorschlag sowie einigen mündlichen Tipps, schwingen wir uns in den Sattel. Unser Gastgeber hat nicht zu viel versprochen. Die Rundtour, die zu etwa der Hälfte auf dem vielfach ausgezeichnete Drauradweg verläuft, bringt die staugeplagte Seele wieder ins Gleichgewicht, der Blick auf den sanft dahingleitenden Fluss beruhigt, und das vom Gastgeber vorbereitete kleine Picknick – sozusagen als Vorspeise fürs Abendbrot – erfreut den Gaumen mit kleinen lokalen Köstlichkeiten.

Da freut man sich am Folgetag regelrecht darauf, einen kleinen Teil der Strecke des Prologs gleich noch mal unter die Räder zu nehmen. Unterwegs weckt ein Bio-Bauernhof mit gut bestücktem Hofladen unsere Neugier. Wenn wir doch nur große Packtaschen montiert hätten. Aber schließlich warten ja Peppi Moric und seine Vereinskollegen auf uns, außerdem unterwegs noch einen Campingplatz und schließlich die Stadt Ferlach samt ihrem Büchsenmacher- und Jagdmuseum. Nun ist die Jagd zwar nicht jedermanns Thema, doch für die kleine Stadt am Fuß der Karawanken hat sie große Bedeutung, hat doch der Bau von Jagdwaffen hier eine lange Tradition, die bis heute lebt. Jagdgewehre aus Ferlach haben unter Jägern einen hohen Stellenwert. Nicht allein wegen ihrer hohen handwerklichen Qualität, sondern auch wegen ihrer kunstvollen und detailreichen Verzierungen an Holzschaft, Korpus und Läufen. Immerhin wurde die Gilde

Immer an der Drau entlang. Der Drauradweg R1 bietet bestens ausgebaute Wege und erfrischende Biker-Erlebnisse.

der Ferlacher Büchsenmacher in das Nationale Verzeichnis des Immateriellen Kulturerbes der UNESCO aufgenommen.

### WO MAN SINGT, LASS DICH RUHIG NIEDER

Die Menschen der Region pflegen aber auch noch deutlich friedvollere Traditionen. Nicht von ungefähr heißt ein österreichisches Sprichwort: »Zwei Kärntner sind ein Chor.« Singen scheint den Menschen hier in die Wiege gelegt zu sein. Das erfahren wir nach dem Abendessen im Gasthof Plasch »Auf der Huabn«. Im Nebenzimmer haben sich zirka 50 Männer aller Altersklassen versammelt, um für ein Konzert zu üben. Den Takt aber gibt eine Frau vor – fast wie im richtigen Leben. Später, als die Leiterin die Probe beendet hat, versammeln sich die Sänger noch auf ein Bier im Gastraum. Immer wieder stimmt einer spontan ein Lied an und, schwuppdiwupp, wird daraus ein mehrstimmiger Chor. Das machen die Männer nicht etwa, um ihrer Dirigentin oder den anwesenden Gästen zu imponieren, sondern aus purer Lust am Gesang. Und auch die Gäste werden integriert, indem neben traditionellem Kärntner Gesang auch deutsches Liedgut intoniert wird. Der Abend erwächst sich zum kulturellen Highlight dieser Reise.

Kärntner sind nicht nur großartige Sänger, sondern auch wunderbare Gastgeber und begeisterte Biker. Das vermittelt uns Raphael Marko, der als Mountainbike-Guide und -Trainer für die MTB-Schule Ride Company arbeitet und mit uns einen Teil des Alpe-Adria-Radwegs abfährt. Bei der Ride Company sind alle Gäste richtig aufgehoben, die nicht lange planen wollen, sondern einfach nur radeln. Die MTB-Schule bietet Touren in allen Schwierigkeitsgraden an – von einer klassischen Radtour bis zum eindrucksvollen Singletrail-Trip. Dazu braucht es noch nicht mal unbedingt ein eigenes Bike. Der Villacher Vermieter Papin Sport hat rund 4.000 Leihräder im Angebot, darunter auch hochwertige E-Tourenbikes und E-MTBs. Wer hier nicht zum Bike-Fan wird, dem ist wohl nicht zu helfen.

Hier ist die Welt noch in Ordnung: Statt städtischer Hektik begegnet uns in der Kulturlandschaft rund um die Karawanken bisweilen fast kitschige Postkartenidylle.

# TOURDATEN

**Allgemein**

Ein dichtes Radwegenetz, Forstwege und Singletrails sowie hervorragende klimatische Bedingungen machen das Dreiländereck Österreich, Slowenien, Italien zum Biker-Paradies. Im Angebot sind beispielsweise der Karawanken Bike Circle, eine anspruchsvolle 250 Kilometer lange Tour rund um die Gebirgskette, der mit fünf Sternen ausgezeichnete Drauradweg (ca. 750 km) oder auch der Alpe-Adria-Radweg (ca. 410 km).

**Fahrkönnen / Kondition**

Hier finden sich Touren für jeden. Konditionsstarke E-MTB-Fahrer können sich auf Singletrails mit gewaltigen Höhenunterschieden austoben. Wer es gern ruhiger mag, bewegt sich entlang der Flüsse und nutzt beispielsweise die – mit der Kärnten-Erlebniscard kostenlosen – Bike-Busse mit Fahrradanhänger als Zubringer.

**Routenplanung / Übernachtung**

Die Radwege vor Ort sind ausgezeichnet ausgeschildert, wer Singletrails erobern will, schließt sich einem lokalen Guide an. Quartiervorschläge unter www.visitrosental.at oder www.visitvillach.at.

ENZTALRADWEG

# DIE HEIMAT GENIESSEN

TEXT UND FOTOS: MARTIN HÄUSSERMANN

**DIESE GESCHICHTE IST NICHT SO SEHR EINE KLASSISCHE REISEREPORTAGE, SONDERN VIELMEHR DER AUFRUF, EINFACH MAL AUFZUBRECHEN UND GERN AUCH MAL SPONTAN RECHTS ODER LINKS VOM VORGESEHENEN WEG ABZUBIEGEN. DAS E-BIKE WIRD ZUM IDEALEN VEHIKEL, SEINE WEITERE NACHBARSCHAFT ZU ENTDECKEN. LOS GEHT'S VOR DER EIGENEN HAUSTÜR.**

Seien Sie ehrlich: Kennen Sie Ihre Nachbarschaft? Damit meine ich nicht in erster Linie die Menschen im Haus gegenüber, sondern vielmehr die Umgebung in – sagen wir mal – 50 Kilometer Umkreis um das eigene Domizil. Diese Frage habe ich mir auch gestellt und bin zu der Erkenntnis gekommen: Entdecker-Radtouren starten oft vor der eigenen Haustür. So wie diese. Grundlagen dafür sind eine klassische Radwanderkarte der heimischen Region, Informationen von radelnden Freunden, natürlich das Internet, aber auch in Wochen, Monaten und Jahren erworbene Ortskenntnis.

Diesen Erfahrungshorizont zu erweitern bereitet einen Heidenspaß. Versprochen. Und genau dafür ist das E-Bike ein hervorragendes Vehikel. Mal rechts oder links von den üblichen Strecken abzubiegen und etwas Neues auszuprobieren ist reizvoll, birgt aber wenig Risiken. Zumindest müssen Radler keine Angst haben, kraftlos irgendwo hängen zu bleiben. »Der Motor bringt mich immer wieder heim«, pflegt die beste Ehefrau von allen an dieser Stelle immer zu sagen. Die nutzt ihr E-Bike nicht nur, um zur Arbeit und wieder nach Hause zu kommen, sondern eben auch für Ausflüge in die nähere Umgebung – allein, zu zweit oder auch in einer Freundesgruppe.

## DIE HAUSRUNDE ERWEITERN

Zu unserer Hausrunde, die wir mal an einem Wochenendvor- oder -nachmittag – mal mit, mal ohne Elektrounterstützung – strampeln, gehört der Glemsmühlenradweg, der an nicht weniger als 19 Mühlen vorbeiführt, die Ende des 18. bis Anfang des 19. Jahrhunderts erbaut wurden. Allerdings dienen nur die wenigsten ihrem ursprünglichen Zweck, Getreide zu mahlen. Einige Mühlenbesitzer haben sich inzwischen Turbinen einbauen lassen, um mit der Strömung des Baches, der später zu einem Flüsschen wird, Ökostrom zu produzieren. Viele der alten Mühlen sind wirklich schön restauriert und lohnen einen Fotostopp. Der Glemsmühlenradweg ist

Das Gute liegt so nah. Kleiner Zwischenstopp am Landschaftspark in Vaihingen an der Enz.

Verband Region
Stuttgart

Hinter dem alten Wachturm an der Enz erschließen schmale Straßen und Gassen die Altstadt von Vaihingen.

# TOURDATEN

**Allgemein**

**Der Enztalradweg führt über rund 63 Kilometer von Pforzheim bis nach Walheim, in dessen Nähe die Enz dann in den Neckar mündet. Er kann schön kombiniert werden mit dem Glemsmühlenradweg oder dem Keltenradweg.**

**Fahrkönnen / Kondition**

**Die beschriebene Tour ist ebenso wie andere Radtouren rund um Stuttgart auch von Einsteigern zu bewältigen. Ein sicherer Umgang mit dem E-Bike wird allerdings vorausgesetzt, da man sich auf kurzen Stücken im Stadtverkehr bewegt.**

**Routenplanung / Übernachtung**

**Das Angebot an Themenradwegen rund um Stuttgart ist groß. Mit ein bisschen Planungsgeschick lassen sich mehrere Radwege zu einer Eintages- bis Mehrtagestour kombinieren. Als Planungsinstrumente empfehlen sich etwa der Bikeline-Radatlas *Die schönsten Radtouren rund um Stuttgart*, kombiniert mit entsprechenden Karten, die im Fachhandel oder über Amazon bezogen werden können. Das S-Bahn-Netz mit dem Knotenpunkt am Hauptbahnhof Stuttgart ist hilfreich zur Verbindung oder Abkürzung von Etappen. Quartiere sind über die einschlägigen Buchungsportale problemlos zu finden. Empfehlenswert ist die Übernachtung außerhalb der Landeshauptstadt, dort ist es in der Regel günstiger und gemütlicher.**

**Orientierung**

**Die Themenradwege in der Region sind in der Regel gut ausgeschildert. Ein Fahrradnavi oder ein Smartphone (z. B. mit Googlemaps) sind jedoch hilfreich für die Quartiersuche oder wenn man einmal irgendwo abkürzen oder erweitern will.**

rund 40 Kilometer lang, und lässt sich prima in eine Genussrunde einbauen. Unser Heimvorteil: Der Startpunkt am Hotel Glemseck ist gerade einmal zwei Kilometer von unserer Haustür entfernt. An einem schönen Tag am Wochenende ist man hier nicht allein, denn das Hotel, das direkt an der ehemaligen Solitude-Rennstrecke liegt, ist auch ein beliebter Motorradtreffpunkt.

Das Donnern von Motoren begegnet uns nur wenige Kilometer nach dem Start schon wieder, denn da unterquert der – übrigens zum größten Teil gut ausgeschilderte – Radweg die Autobahn A8 am bei Autofahrern berüchtigten, weil staugeplagten Autobahndreieck Leonberg. Wir kennen das und sind froh, im Sattel des E-Bikes, und nicht in einer der rollenden Blechdosen zu sitzen. Danach wird es ein wenig ruhiger. Doch bevor die erste Mühle in Sicht kommt, müssen wir noch kurz den Rand der Stadt Leonberg durchqueren. Wir sehen das Schloss, das samt Pomeranzengarten zu Beginn des 17. Jahrhunderts als Witwensitz für Herzogin Sibylla von Anhalt-Zerbst-Bernburg diente. Heute fühlen wir uns als Mitbesitzer dieses Schlosses, denn hier hat das Finanzamt seinen Sitz, an das wir mehr oder weniger freudig unsere Steuern abführen. Aber das muss wohl sein, ebenso wie Abwässer gereinigt werden müssen, was ebenfalls am Ufer der Glems geschieht.

Dann endlich die ersten Mühlen, die Fleischmühle und die Tonmühle, bei der man auch einen Kaffeestopp einlegen kann. In unserer Nachbarstadt Ditzingen ist Aufmerksamkeit gefragt, denn die Beschilderung ist eher spärlich vorhanden. Danach jedoch kann man auch als Nicht-Ortskundiger den Weg kaum mehr verfehlen. Nach Ortsdurchquerungen und entlang schroffer Felswände öffnet sich nun die Landschaft. Allerdings entfernt sich der Weg immer wieder ein ganzes Stückchen von der Glems und führt über gut ausgebaute Wirtschaftswege durch eine mit Feldern und Wäldern durchzogene Kulturlandschaft. Die ist keine Fahrradstunde von unserem Haus entfernt und bietet Entspannung pur. Solche Orte, davon bin ich überzeugt, findet in Deutschland eigentlich jeder.

Natur trifft antike Kultur. Um das Keltenmuseum in Hochdorf zu erreichen, muss der E-Biker vom idyllischen Tal der Enz Abschied nehmen.

Zurück zum Fluss, der es jetzt gerade einfacher hat als der Radler, denn er fließt stets bergab. Der Biker muss nach einer 35 Kilometer langen Flachetappe nun ein wenig klettern. Rund 300 Höhenmeter sind auf der gesamten Strecke zu bewältigen, was mit einem E-Bike nun wahrlich keine Herausforderung darstellt. In dem kleinen Ort Oberriexingen mündet die Glems dann in die Enz und der Glemsmühlenweg in den Enztalradweg. Hier stellt sich nun die Frage: rechts oder links? Rechts geht es weiter nach Bietigheim-Bissingen, von wo wir über Ludwigsburg wieder nach Hause radeln könnten – oder auch mit dem Bike in die S-Bahn steigen.

Wir entscheiden uns dieses Mal für links, denn wir wollen nach Vaihingen an der Enz, wo es nach der Aussage von Freunden eine gute Eisdiele gibt. Schließlich gehören zu genussreichen Radtouren auch genussreiche Pausen. Die Eisdiele in der Fußgängerzone, wo man auch schön draußen sitzen kann – und die Bikes nicht mal anschließen muss –, heißt Bacio, der italienische Name für Kuss. Na, das ist mal ein Versprechen.

Einen fetten Eisbecher und einen Espresso – für jeden, versteht sich – später schwingen wir uns wieder in den Sattel. Doch anstatt weiter in die Goldstadt Pforzheim zu radeln, fahren wir ein Stück des Weges wieder zurück, werfen noch einen kurzen Blick auf das Schloss Kaltenstein, das als Wahrzeichen hoch über der Stadt thront, wenden uns in Enzweihingen Richtung Süden und biegen dann auf den Keltenradweg ein.

Dass diesem Volksstamm aus der Eisenzeit ein Radweg gewidmet wurde, ist einem Begräbnis aus dem 6. Jahrhundert vor Christus zu verdanken. Da wurde am Rand einer Siedlung eine sozial offensichtlich sehr hoch gestellte Persönlichkeit auf die ewige Reise geschickt, die heute als Keltenfürst von Hochdorf bezeichnet wird. Die letzte Ruhestätte des Fürsten ist ein sechs Meter hoher Grabhügel mit 60 Meter Durchmesser. Der blieb von antiken Grabräubern verschont, weshalb Archäologen 1978 hier den wohl wichtigsten Fund dieser Art machten. Nach Beendigung der Ausgrabungen wurde der Grabhügel wieder rekonstruiert und in der Nachbarschaft ein Museum eröffnet, das nicht nur die originalgetreue Rekonstruktion der Grabkammer zeigt, sondern auch viel über die Lebensweise der Nachbarn vor rund 3.000 Jahren erzählt. Radeln macht eben nicht nur Spaß, radeln bildet auch.

## SEIDENSTRASSE, TEIL 2

# TRAUMREISE MIT HINDERNISSEN

TEXT: THOMAS GEISLER/PD-F
FOTOS: ANDREA FREIERMUTH

**IN KNAPP EINEM JAHR LEGTE ANDREA FREIERMUTH AUF DEM E-BIKE ÜBER 16.000 KILOMETER ZURÜCK. DIE SCHWEIZERIN WOLLTE ALS ERSTE FRAU DIE LEGENDÄRE SEIDENSTRASSE VON ZÜRICH BIS NACH PEKING PER ELEKTRORAD BEFAHREN. DIESES ZIEL HAT SIE ZWAR NICHT GANZ ERREICHT, IST ABER ZU DER ERKENNTNIS GEKOMMEN, DASS EIN ABWEICHEN VOM PLAN MANCHMAL SOGAR VORTEILE BRINGT.**

*Andrea, du warst ein Jahr lang quer über zwei Kontinente mit dem E-Bike unterwegs. Wie lautet dein Fazit zur Radreise mit Strom?*
Andrea Freiermuth: Ich bin selbst überrascht, wie reibungslos und gut es lief. Mein Flyer hat jetzt über 16.000 Kilometer auf dem Tacho.
Ich hatte aber nie ein technisches Problem auf der Reise. Der eine oder andere Platten ist selbstverständlich, auch die Bremsbeläge musste ich öfter wechseln. Jetzt ist die Bremsscheibe abgefahren und muss erneuert werden. Aber am Motor gab und gibt es keine Probleme.
Mein Flyerchen war ein sehr zuverlässiger Begleiter auf der Tour.

*Hattest du Probleme, an Strom zu kommen?*
Ich habe die einzelnen Etappen oft sorgfältiger geplant, als wenn ich mit dem konventionellen Tourenrad unterwegs gewesen wäre. Weil man auf Strom angewiesen ist, geht vielleicht etwas an Spontaneität verloren. Aber je länger ich unterwegs war, desto entspannter wurde ich in Sachen Nachladen. Ich habe inzwischen meine eigene Theorie entwickelt: Solang man den Asphalt nicht verlässt, gibt es immer Strom – und dann kann man mit dem E-Bike durchaus eine Weltreise machen. Im Pamir-Gebirge in Tadschikistan war ich sogar länger auf Schotter unterwegs und fand trotzdem immer rechtzeitig eine Steckdose. Viele Reiseradler hatten mich vor der Strecke gewarnt, weil es dort gerade in den abgelegenen Gebieten keine Stromleitungen gibt. Es war natürlich ein Vorteil, dass ich im Sommer im Pamir unterwegs war. So waren die Tage länger und die Temperaturen höher, was den Akkus entgegenkam. Wegen der langen Tage machte es sogar unabhängig vom Nachladen Sinn, in der zuweilen sehr heißen Mittagszeit eine Pause einzulegen. Ich habe mir dann für diese Pausen jeweils ein Restaurant oder einen Laden mit einer Steckdose gesucht. Eine

Die Hochebene im Pamir auf rund 4.000 Metern über dem Meer: Begegnung mit einem Mädchen am Wegrand.

FLYER

Spitze Steine auf der Strecke forderten den einen oder anderen Plattfuß. Sonst gab es keine Pannen, sondern eine grandiose Aussicht wie z. B. im Wakhan-Valley in Tadschikistan (unten).

Basisinfrastruktur gibt es mittlerweile fast überall – und sei es nur ein Dieselgenerator oder Solarpaneel. Erstaunlicherweise musste ich während der ganzen Reise bloß einmal auf einen Generator zurückgreifen.

***Hast du während dieses Jahres auch eine spezielle Technik entwickelt, wie du die Akkus auflädst?***

Es hat sich mit der Zeit eingespielt. So wie man beim eigenen Körper im Auge hat, dass er Energie braucht, so achtet man auch beim E-Bike immer auf den Akku-Stand. Natürlich ist es bei einer solchen Tour wichtig, eine zweite Batterie dabeizuhaben. Mit der Zeit erarbeitet man sich die besten Ladelösungen. Auf dem Pamir-Highway achtete ich darauf, einen Akku nicht komplett leer zu fahren, sondern bei rund 50 Prozent zu wechseln. So konnte ich bei einer Mittagspause beide Akkus gleichzeitig ans Netz hängen – ich hatte zwei Ladegeräte dabei. Selbst wildcampen über mehrere Tage war so kein Problem. Auf einem Teilstück war ich gemeinsam mit einem Paar aus Österreich unterwegs. Da es fast nur auf Schotter voranging und die beiden ohne E-Unterstützung unterwegs waren, fuhr ich im Economy-Modus. Wir legten zwar nur rund 30 bis 40 Kilometer am Tag zurück, aber dafür hielten die Akkus fast 300 Kilometer bis zur nächsten Stromquelle. Ich muss auch gestehen, dass ich für die komplette Tour zwei Sets an Akkus gebraucht habe. Das lag jedoch daran, dass ich meine Tour anders gestalten musste als geplant.

***Vor Weihnachten haben wir uns das letzte Mal gesprochen. Damals warst du in Tadschikistan und wolltest zurück in die Schweiz reisen, um dein Visum für China zu holen. Haben sich deine Pläne dann geändert?***

Meine Reise wurde komplett auf den Kopf gestellt und stand sogar kurz vor dem Aus. Kurz vor meinem Abflug in die Schweiz erfuhr ich, dass mein eigentlicher Plan, einen Sprachkurs in Shanghai zu machen und dann nach Duschanbe zu meinem Rad zurückzufliegen, nicht funktionieren würde. Ein Double-Entry-Visum mit Sprachkurs ist für China nicht möglich. Und in Zentralasien bekommt man nur schwer ein chinesisches Visum. Meinen Traum, Peking zu erreichen, musste ich deshalb begraben. Ich war damals ziemlich wütend, vor allem, weil ich die Organisation des Visums von einem Reisebüro habe machen lassen. Der Flug in die Schweiz war auch schon gebucht. Mein Rad wollte ich eigentlich vor Ort einlagern und dann im Frühjahr weiterfahren. Das ging jetzt nicht mehr, und ich brauchte auch noch einen Radkarton für den Flug, der gar nicht so leicht zu organisieren war. Außerdem musste ich die Akkus in Duschanbe lassen, weil sie nicht mit ins Flugzeug dürfen. Alles sehr ärgerlich. Und dann konnte ich die Zeit in der Schweiz gar nicht genießen, weil ich mir immer wieder Gedanken über den Fortgang der Reise machte. Am Ende bin ich Mitte Januar nach Shanghai geflogen und wusste nicht, wie meine Reise weitergehen wird und wo mein Endpunkt ist.

***Wie hast du dich dann weiter entschieden?***

Nach meinem Sprachkurs in Shanghai fuhr ich zuerst nach Xi'an, dem Endpunkt der historischen Seidenstraße. Von dort ging es weiter Richtung Westen, mehr oder weniger entlang der eigentlich geplanten Route. Am Ende führte mich mein Weg wieder nach Duschanbe. Im Nachhinein muss ich sagen, dass sich diese Routenkombination als die bessere herausgestellt hat.

***Inwiefern?***

Einerseits, weil ich dadurch den Pamir-Highway in Angriff nehmen konnte. Wäre ich im April nach Tadschikistan zurückgekehrt, hätte ich eine nördlichere, tiefer gelegene Route mit besserer Infrastruktur entlang der Straße genommen. Trotzdem wäre es wahrscheinlich ziemlich kalt und ungemütlich geworden. Andererseits konnte ich so von der chinesischen Seite aus in die Region Xinjiang einreisen. Deshalb waren die Kontrollen nicht so intensiv wie bei einer Anreise von Kirgisistan oder Tadschikistan aus. Andere Reiseradler haben mir berichtet, dass auf ihrem Smartphone bei der Einreise nach China eine staatliche App zur besseren Kontrolle installiert wurde. Das blieb mir glücklicherweise erspart.

***Warum gibt es gerade dort diese verschärften Kontrollen?***

In Xinjiang lebt mehrheitlich die Bevölkerungsgruppe der Uiguren. Diese werden von den Han-Chinesen stark unterdrückt. In renommierten Zeitungen wie etwa der *New York Times* oder der *Süddeutschen Zeitung* konnte man über

Umerziehungslager lesen, in die manche Uiguren für Monate verschwinden. Das offizielle China streitet die Existenz dieser Lager ab. Zu verstecken gibt es da aber offensichtlich etwas: Reisende, die in diese Region kommen, werden massiv kontrolliert. So musste ich bei der Ausreise am Grenzübergang mein Smartphone entsperrt zur Kontrolle abgeben. Da wurde eine halbe Stunde lang alles durchforstet, was drauf war. Das war schon ein komisches Gefühl. Für mich als E-Bikerin von Vorteil war jedoch, dass es alle 50 Kilometer einen Polizei-Checkpoint mit Strom gibt. Dort hätte ich bei Bedarf meine Akkus aufladen können. Allerdings sind diese Checkpoints auch mit sehr langen Wartezeiten verbunden. Andere Radfahrer haben mir erzählt, dass sie zum Teil stundenlang warten mussten, bis sie ihren Pass wiederhatten. Man bekommt als Radfahrer an Tankstellen kein Benzin für einen Kocher, und ein Messer darf man auch nicht mitführen. Denn Benzin und Messer könnte man theoretisch für einen Anschlag missbrauchen. Ein gutes Messer gehört zur Grundausstattung eines Radreisenden. Nur mit einem Trick musste ich mein Schweizer Armeemesser nicht abgeben.

***Wie ist dir das gelungen?***
Ich hatte mich entschieden, mit dem Zug durch diese stromtechnisch einfache, aber politisch schwierige Region zu reisen. Die Bahnhöfe in der Region werden allerdings ebenfalls stark überwacht und Reisende intensiv kontrolliert. Eine Fahrradmitnahme in chinesischen Zügen ist nicht erlaubt; das Rad muss per Kurier extra geschickt werden. Ich versteckte also mein Messer am Fahrrad – und dieses wurde vom Sicherheitspersonal nicht weiter kontrolliert.

***Wie hast du China ansonsten wahrgenommen?***
Die chinesische Landbevölkerung ist extrem freundlich und nett. In vielen Dörfern war ich der erste Tourist ever. Was mir vor Reiseantritt nicht bewusst war: Radfahrer sind die einzigen Individualreisenden, die ohne Begleitung durch China reisen dürfen. Auto- oder Motorradfahrer müssen einen Reisebegleiter, also eine Art Aufpasser, dabeihaben. Dieser muss aus eigener Tasche bezahlt werden, was auf die Dauer sehr kostspielig ist. Deshalb klappern Touristen nur die Sehenswürdigkeiten ab oder fahren auf vorher festgelegten Routen und bekommen kaum einen Eindruck von den Leuten in den ländlichen Regionen. Mit den Menschen auf dem Land habe ich so viel Schönes erlebt! Auch habe ich über die gute Infrastruktur gestaunt. Die chinesische Regierung arbeitet wirklich an diesem Chinese Dream, also am Wohlstand für alle. Das zeigt sich auch in hohen Investitionen für Bildung. Vieles ist positiv in China, davon hört man in den westlichen Medien wenig.

***China gilt ja auch als ein Land der Fahrradfahrer. Spielt das E-Bike dort eine Rolle?***
Ich habe kaum ein E-Bike gesehen. Das Fahrrad ist in China das Gefährt für arme Leute. Wer Geld verdient, der kauft sich einen E-Scooter. Zwar kommen in den Großstädten jetzt auch Bike-Sharing-Angebote auf, aber der eigene E-Scooter ist das Gefährt der Wahl.

***Du bist das zweite Mal auch von Duschanbe zurückgeflogen – und musstest insgesamt vier Akkus dort zurücklassen, sprich etwa 3.200 Euro. Das macht so eine E-Bike-Reise schon recht teuer, oder?***
Ich habe Posts in Overlander-Gruppen auf Facebook gemacht, in denen ich um eine Mitfahrgelegenheit für meine Akkus bat. Mit Erfolg! Zwei Akkus sind derzeit mit einem Paar aus der Schweiz zu mir unterwegs. Das zweite Set nimmt ein deutscher Anbieter für Abenteuerreisen mit, der im August mit einer Reisegruppe durch Duschanbe fährt.

***Was ist dein Fazit, wenn du auf das vergangene Jahr zurückblickst?***
Unseren Wohlstand in Mitteleuropa haben wir uns nicht »verdient«. Wir sind nicht besser und fleißiger als andere. Wir hatten bloß etwas Glück im 20. Jahrhundert. Reichtum kommt und geht. Das weiß man spätestens dann, wenn man mal die Paläste der Osmanen und der Perser besichtigt hat, beziehungsweise das, was davon übriggeblieben ist. Es kann gut sein, dass wir in 50 Jahren mit Neid nach China blicken. Und ganz wichtig: Es gibt keinen Grund, Angst vor der Welt da draußen zu haben. Egal welcher Religion und Kultur sie angehören, die Menschen sind grundsätzlich gut – und gegenüber Reisenden, die auf einem Fahrrad daherkommen, unglaublich hilfsbereit und gastfreundlich.

**Andrea Freiermuth nutzte ihre E-Bike-Tour für die Entdeckung exotischer Reiseziele – und zur persönlichen Entschleunigung.**

MONGOLEI

# DIE GROSSE REISE

TEXT UND FOTOS: TANJA UND DENIS KATZER

**AUF IHRER 30-JÄHRIGEN EXPEDITION LEGTEN TANJA UND DENIS KATZER IN DEN LETZTEN 28 JAHREN ÜBER 430.000 KILOMETER MIT VERSCHIEDENSTEN VERKEHRSMITTELN ZURÜCK. IN DEN JAHREN 2015 BIS 2017 BEREISTEN SIE MIT DEM E-BIKE UNTER ANDEREM SIBIRIEN, DIE MONGOLEI UND CHINA. SIE HABEN UNS FASZINIERENDE AUSSCHNITTE AUS DEM REISETAGEBUCH MITGEBRACHT.**

Nachdem wir bei den Tuwanomaden überwintert haben und bald 3.000 Kilometer durch die Mongolei geritten sind, setzen wir unsere Reise mit dem E-Bike fort. Weil wir da weitermachen, wo wir unsere Pferdeexpedition beendet haben, transportierten wir unsere E-Bikes plus Ausrüstung mit der Transsibirischen Eisenbahn von Berlin via Moskau bis nach Ulan-Ude in Sibirien. Wir wollen unsere Reise in Bild, Film und Text dokumentieren und müssen viel technische Ausrüstung mitschleppen. Dazu kommt noch unser weißer Schäferhund, der 35 Kilogramm wiegt und auch nicht immer laufen will. So haben wir – inklusive der beiden E-Bikes – zirka 300 Kilogramm zu transportieren. Ein gewaltiges Gewicht für die Räder – und vor allem für uns. Wir erhoffen uns, die zusätzlich benötigte Energie mit Solarpanels zu generieren, die auf den Radanhängern montiert werden und während des Fahrens immer einen Akku laden. Die Strecke von Sibirien durch die Mongolei und China bis nach Vietnam ist auf rund 17.000 Kilometer kalkuliert.

## LANGSTRECKEN-REISEMOBIL

Es ist die Fortbewegungsart, die uns unabhängig macht und ungeheure Freude und Freiheit schenkt. Wir können anhalten, wo wir wollen, und bleiben, wo wir wollen. Wir reisen verhältnismäßig langsam und steigen auf diese Weise in die Tiefe eines jeden Landes ein. Wir atmen Mutter Erde, sind bei Wind, Kälte und Sonnenschein ein Teil von ihr. So geraten wir in engen Kontakt zur Bevölkerung. Verstehen ihre Lebensart, teilen manchmal sogar ihr Leben, werden beschenkt durch Gastfreundschaft und Freundschaft. Mit dem E-Bike zu reisen hat für uns einen großen Stellenwert eingenommen. Obwohl wir durch einen Elektromotor unterstützt werden, ist die Sache eine ziemliche Herausforderung. Wir betreten Neuland, denn Erfahrungswerte über solch ein Unternehmen gibt es schlicht und einfach nicht. Auf den ersten paar hundert Kilometern läuft auch

Tanja und Denis Katzer sind auf E-Bikes von Riese & Müller unterwegs.

THE BIG JOURNEY
www.denis-katzer.com
BOSCH
HEY
MAGURA
ORTLIEB
PRO-TEAM
BOSCH

# BUCHTIPP

Im Juli 2015 machen sich Tanja und Denis Katzer auf den Weg. Nach ihrer Reise mit der Eisenbahn nach Ulan-Ude in Sibirien besteigen sie ihre E-Bikes und durchqueren die Mongolei und China in 338 Tagen. Sie legen 8.055 Kilometer zurück und überwinden dabei gut 44.000 Höhenmeter.

Tanja und Denis Katzer
So weit der Akku reicht
ISBN 978-3-667-11056-5

Tanja und Ajaci auf der Chinesischen Mauer.

Auf der Tour herrschte nicht nur strahlender Sonnenschein, sondern mitunter auch Frost im zweistelligen Bereich.

alles perfekt. »Hm«, denke ich, »bisher waren auch die Anforderungen an das System nicht besonders groß, obwohl es in Sibirien etwa 40 Grad im Schatten hatte und wir viele Höhenzüge überwinden mussten.«

In der Mongolei geht es dann schon zur Sache. Wir müssen bei Affenhitze und Gegenwind von der Stärke 7 (ca. 50 km/h) Strecken von bis zu 130 Kilometern zurücklegen, um an Trinkwasser zu kommen. Da hängt plötzlich unser Überleben von der Zuverlässigkeit des Bosch-Antriebs ab. In so einer Situation hört der Spaß auf. Da geht es ums nackte Überleben. Die Antriebe schnurren zuverlässig dahin und bringen uns sicher durch die Gobi-Wüste. Gratulation an die Entwicklung und den Fortschritt!

### NACH HITZE KOMMT KÄLTE

Das ist aber erst der Anfang. Das Wetter ändert sich im Herbst, weswegen wir den eiskalten Stürmen ausgesetzt sind. Dann hält der Winter Nordchinas uns in seinem eisigen Griff. Würden die Akkus bei minus 20 Grad überhaupt noch funktionieren? Das bereitet mir ernsthafte Kopfschmerzen. Und ja, wir sind durchgekommen, ohne dass uns die Lithium-Ionen-Akkus nur einmal im Stich ließen. Ab diesem Zeitpunkt hat mich diese Technologie voll überzeugt. Doch jetzt werden die Berge immer unerbittlicher. Auf bis zu 3.300 Meter Höhe führt unser Weg. Es vergeht kein Tag, ohne dass wir Höhenzüge, Bergrücken überqueren und im Winter teils vereiste Flüsse durchqueren müssen. Viele der Passstraßen befinden sich im Bau und haben mit einer Straße eigentlich nichts gemein. Es sind Schotter- und Lehmpisten, die abschnittsweise an umgepflügte Äcker erinnern. Unsere schwer beladenen Bikes mit Anhänger über vom Starkregen aufgeweichte Pisten, durch unzählige, tiefe Schlaglöcher und zehn bis 20 Meter lange und tiefe Pfützen zu steuern ist ein hartes und gefährliches Unterfangen. Vor allem auch wegen des Verkehrs, der schwer beladenen Lastwagen, die einem Radfahrer kaum Raum lassen. Wenn dann noch ein Gewitter den Untergrund in eine Rutschbahn verwandelt, weil sich das Reifenprofil in wenigen Sekunden mit Lehm zusetzt, sind solche Fahrten fast mit einem Himmelfahrtskommando vergleichbar. Eine Herausforderung der Superlative für Mensch und Technik. Wer will schon bei minus 20 Grad auf einer Passhöhe erfrieren, weil die Technik einen im Stich lässt? Nun, sie hat uns nicht im Stich gelassen …

## BIKEPACKING-BARCAMP

# LITHIUM UND LAGERFEUER

TEXT: GUNNAR FEHLAU
FOTOS: KAY TKATZIK, MARTIN HÄUSSERMANN

**DAS E-BIKE IST NICHT NUR DAS VEHIKEL DER VERKEHRSWENDE UND DER INTEGRATION VON BEWEGUNG IN DEN ALLTAG/ARBEITSWEG. NEIN, DAS E-BIKE STEHT AUCH FÜR FREIHEIT UND AUFBRUCH. ES IST ALSO EIN ENTDECKER- UND ABENTEUERVEHIKEL PAR EXCELLENCE. DAS ZEIGTE SICH AUCH BEIM ERSTEN BIKE-PACKING-BARCAMP. AN EINEM WOCHENENDE TRAFEN SICH AUF DEM CAMPINGPLATZ IN GLASHÜTTE AN DER WESER KNAPP 60 BIKEPACKER – MIT UND OHNE MOTOR – ZU EINEM BARCAMP. ABER WAS IST EIGENTLICH BIKEPACKING? WAS IST EIN BARCAMP? UND WARUM DAS GANZE?**

### BIKEPACKING – EINE BEGRIFFSKLÄRUNG

Bikepacking ist eine sportliche Art des Tourenfahrens. Das Gepäck wird in Taschen direkt an Rahmen, Lenker und Sattelstütze verzurrt. So bleibt das Rad leichter, schmaler und geländegängiger als bei der klassischen Konstellation aus Packtaschen und Gepäckträgern. Bikepacker wählen meist den schmalen Singletrack statt des breiten asphaltierten Radwegs. Es geht raus in die Natur statt rein in die Metropole. In seiner kleinsten Form heißt das Overnighter: Einfach nach dem Tagwerk – vielleicht direkt vom Büro aus – losfahren, in der Natur mit Zelt und Schlafsack oder einem kleinen Landgasthof die Nacht verbringen und anderntags morgens früh wieder in die Zivilisation bzw. direkt zur Arbeit fahren. Da viele Arbeitgeber mittlerweile Duschen & Co. für Pedalpendler eingerichtet haben, ist die perfekte Infrastruktur für solche Micro-Adventures oder auch Mini-Urlaube oft vorhanden. Man muss also nur noch den eigenen Schweinehund überwinden und »einfach losmachen!«. So ein Overnighter ist die naturverbundene Antwort des Radlers auf die Städtekurzreise per Flieger. Versuch macht auch hier klug!

### FAHRMODUS G

Und da kommt das E-Bike ins Spiel. »Abenteuer« klingt für viele nach Entbehrung und Risiko. Aber vor allem nach schweißtreibenden, auszehrenden und langen Fahrten. Das Pedelec filtert die Härten der Anstiege und die stärksten Böen des Gegenwindes heraus, und schon ist der Leidenschaft das Leiden genommen und »Genussmodus« gilt. Insofern passen E-Bikes und Micro-Adventure bestens zusammen. Noch zumal vielerorts – teils fanatisch – über Reichweiten diskutiert wird; micro heißt klein, sprich: Die Idee des Micro-Adventures (»Erlebnisse direkt vor der Haustür«) will ja gar nicht weit hinaus, und dafür reicht die Kapazität eines modernen Akkus allemal!

Das große Lagerfeuer war Zentrum des Bikepacking-Barcamps und stand auch im Mittelpunkt mancher Diskussion.

ABUS

In gemeinsamer Fahrt machte sich etwa die Hälfte der Teilnehmer vom Göttinger Bahnhof auf zum Barcamp an der Weser.

Die Fahrt entlang der einstigen deutsch-deutschen Grenze erweist sich als ziemlich abwechslungsreich.

Auch der Autor dieses Bookazines, Martin Häußermann, nutzte das Bikepacking-Barcamp zum Austausch und zur Recherche: Wann hat man schon einmal Gelegenheit, einen Fatbiker zu sprechen, an dessen Rad eine Rohloff-Nabe verbaut ist und der – wie die Nabe auch – aus Kassel kommt?

Aus der Beschreibung des Bikepackings und Overnighters wird klar: Das passiert oft einfach so, ohne große Planung und nicht selten auch ohne große Gruppen. Dahinter steckt keine Organisation und kein Veranstalter. Dennoch tauscht sich der Mensch gern mit Gleichgesinnten aus, und das Bikepacking-Barcamp war genau der Ort dafür.

## LASS UNS EINMAL DARÜBER REDEN: BARCAMP

Barcamps werden auch als »Unkonferenz« bezeichnet, denn anders als bei klassischen Konferenzen, entsteht der Inhalt des Programms erst durch die Teilnehmer vor Ort. Die Veranstalter bieten nur den organisatorischen Rahmen und den Zeitplan. Vor Ort stellen die Teilnehmer Themen vor, diese werden bearbeitet, sofern sich andere Teilnehmer dafür finden. Das klingt chaotisch, ist es aber nicht. Allenfalls ein bisschen wuselig, bis sich Themen und Teilnehmer gefunden haben. Entscheidend ist das kreative Momentum und die hohe Motivation aller Beteiligten, die durch diese freie Inhaltlichkeit entsteht. Und so war es auch beim Bikepacking-Barcamp auf dem Zeltplatz in Glashütte.

Kein Camp ohne Kaffee! Autor Gunnar Fehlau diskutiert mit Camp-Fotograf Kay Tkatzik über mögliche Motive.

»Zeigt her euer Zelt«, so hieß die erste Session beim Barcamp.

## RADELN IST EIN GUTER ANFANG

### 1. SESSION

- Haftungsfragen – rechtlicher Rahmen für (gemeinsame) Fahrten
- Weekender/Socialrides – organisierte Bikepacking-Socialrides als Einsteigerformat
- Gear-Porn: Zeigt her euer Zelt – Erfahrungsaustausch am Objekt (Zeltwiese)

### 2. SESSION

- Bikepacking-Woman: woman on bikes, Vorurteile, Reisemotivation
- Bikepacking/Selfsupport – Begriffsklärung & Ausrüstungserwartung: Race, Micro-Adventure, Commuting, Selfsupport ...
- Von der Subkultur zum Trend: Droht ein Overpacking, vergleichbar dem Overtourism?

### 3. SESSION

- Gear-Porn: Zeigt her euer Rad – Erfahrungsaustausch am Objekt (Abus-Radständer)
- Candy B. Graveller 2020; Die Formatfrage: Erlebnis statt Ergebnis nach welchem Prinzip?
- Bikepacking & Naturschutz: Grundsätzliche Gedanken und »how to shit in the woods«

Fahrzeit.si

Eindeutig der beste Kaffee im ganzen Camp: Bike-Barista Falk Diefenbach im Einsatz.

Wer mehr zu den Ergebnissen und zur Atmosphäre des ersten Bikepacking-Barcamps erfahren möchte, dem sei der Podcast von Martin Moschek *(https://www.biketour-global.de/2019/11/24/neue-podcast-folge-s2-4-ausflug-mit-gunnar-zum-bikepacking-barcamp/)* empfohlen.

Das nächste Bikepacking-Barcamp findet vom 18. bis 20.09.2020 im Thüringer Wald statt. Infos finden sich unter *https://bpbc20.de.*

## AUSRÜSTUNGSTIPPS

### LEICHTER SCHLAFSACK

**In Daune schläft es sich für mein Dafürhalten nach wie vor am schönsten. Es gibt mittlerweile sehr leichte Modelle wie den Ice Peak 150 von Vaude, die zudem bezahlbar sind (280 Euro).**

### WARME LAGERKLEIDUNG, WESTE, SHORTS, MÜTZE

**Besonders im Herbst und Frühling wird es trotz warmer Tagestemperaturen abends oft empfindlich kalt. Außerdem kühlt der Körper nach dem Radeln ab. Deshalb habe ich stets eine warme Hose und eine Weste oder Jacke dabei. Primaloft ist das Material der Stunde und löst die Daune zusehends ab, denn es wärmt auch, wenn es nass ist, und trocknet zudem schneller als Daune. Giro bietet eine sehr leichte Weste, von Vaude gibt es eine clevere kurze Hose (Minaki shorts, 120 Euro) mit Reißverschlüssen zum einfachen An- und Ausziehen.**

### SPEISETAUGLICHES MULTITOOL

**Ohne Multitool steigt man nicht aufs Rad, und ohne Messer startet man nicht zum Zelten. Ergo: Das ideale Multitool für den Overnighter hat eine richtige Klinge und einen Flaschenöffner. Etwa das MTB-3.2 von Parktool (34,95 Euro). Als »kulinarische Ergänzung« rate ich zum Titan-Besteck von Edelrid (25 Euro).**

### BIWAKSACK

**Zu einem gelungenen Overnighter gehört das Schlafen unter freiem Himmel, darum ziehe ich einem Zelt den Biwaksack vor. Er ist leichter, schützt vor Regen und verdeckt nicht die Sicht auf den Sternenhimmel. Es gibt immense Preis-, Qualitäts- und Funktionsunterschiede. Fürs »ambitioniertere Ausprobieren« ist der geräumige Biwak II von Vaude meine Empfehlung (45 Euro).**

### FEUERSTEIN & FALTSÄGE

**Overnighter ohne Lagerfeuer ist für mich ein fauler Kompromiss, aufs Feuer verzichte ich nur, wenn es partout nicht geht. Mit einer soliden Klappsäge (z. B. Silky F180; ca. 35 Euro), einem Magnesium-Feuerstarter (ca. 5 Euro) und ein wenig feiner Stahlwolle (Rakso »00«, ca. 8 Euro) lodert es sogar ohne den Einsatz von Streichhölzern.**

*Gunnar Fehlau*
*ist E-Bike-Pionier, Autor diverser Fahrradbücher (u. a. über E-Bikes und Bikepacking), Gründer des* fahrstil*-Magazins und des »The Wriders' Club«-Bloggernetzwerks, Initiator der Grenzsteintrophy und des Candy B. Graveller und auch Veranstalter des ersten Bikepacking-Barcamps. Hauptberuflich leitet er den pressedienst-fahrrad, privat bloggt er unter overnighter.de.*

Tolles Team: Martin Häußermann auf einem E-Gravel-Bike von Cannondale und Bikepacking-Taschen von Ortlieb: Das nächste (Micro-)Abenteuer kann kommen!

cannondale

TRAIL-RULES

# KLEINER BIKER-KNIGGE

TEXT: STEFAN SCHLIE & MARKUS GREBER

**MIT DEM E-MTB IN FREIER NATUR UNTERWEGS ZU SEIN, DAS IST FREIHEIT PUR. ABER WIE SAGTE SCHON DER PHILOSOPH IMMANUEL KANT: »DIE FREIHEIT DES EINZELNEN ENDET DORT, WO DIE FREIHEIT DES ANDEREN BEGINNT.« GEGENSEITIGE RÜCKSICHTNAHME ERLEICHTERT NICHT NUR DAS ZUSAMMENLEBEN DER MENSCHEN, ES ERHÖHT AUCH DEN SPASS AM AKTIVEN HOBBY. SCHWARZE SCHAFE HINGEGEN SCHÜREN AGGRESSIONEN GEGENÜBER EINER GANZEN GRUPPE UND FÜHREN LETZTLICH ZU VERBOTEN. DAS KANN KEINER WOLLEN. DESHALB IST DIE EINHALTUNG DIESER TRAIL-RULES, DIE WIR ZUM GROSSEN TEIL AUS DEM BUCH *UPHILL FLOW* VON STEFAN SCHLIE UND MARKUS GREBER ENTLEHNT HABEN, EIN BEITRAG ZUR PFLEGE UNSERES HOBBYS.**

### 1. KEIN TUNING

Mit Motortuning verliert das E-MTB den Status eines Fahrrads. Auch wenn die 25-km/h-Grenze auf manchen Strecken nervt: Tuning ist illegal und schadet dem Sport. Nimm es sportlich, und tritt etwas mehr in die Pedale.

### 2. FANG LANGSAM AN

Suche nicht gleich die steilsten und schwierigsten Trails. Denn manche Anstiege, die man mit dem E-MTB noch einigermaßen mühelos erklimmt, können zur schnellen und nur schwer beherrschbaren Abfahrt werden – Achtung, Unfallgefahr! Trainiere deine Technik erst auf einfachen Strecken, und taste dich dann langsam an schwierigeres Gelände heran.

### 3. TEILE DEN TRAIL

Wir sind nicht allein im Wald und auf den Bergen. Es sind auch die Reviere von Wanderern, Laufsportlern und klassischen Bikern. Nur mit gegenseitigem Respekt ist ein gedeihliches Miteinander auf dem Trail möglich. Dazu gehören, ausreichend Abstand zu halten und die Geschwindigkeit anzupassen. Bedenke, dass andere deinen Speed nur schwer einschätzen können.

## BUCHTIPP

**Das E-MTB bietet nicht nur bergab, sondern eben auch bergauf eine Menge Fahrfreude. Wer die Fahrzeugtechnik richtig ausnutzen will, braucht auch die richtigen Fahrtechniken. Die verraten die beiden Journalisten und ambitionierten Mountainbiker Stefan Schlie und Markus Greber in ihrem Buch *Uphill Flow*. Beste Informationen garniert mit erstklassigen Fotos auf 160 Seiten.**

Uphill Flow:
Stefan Schlie, Markus Greber
Delius Klasing Verlag
ISBN 978-3-667-11565-2

### 4. VIEL GENUTZTE WEGE MEIDEN

Die Regionen sind groß genug. Oft findet man nur ein paar Meter abseits der meistbenutzten Routen einsame und bestens gepflegte Trails.

### 5. VORSICHT, GEGENVERKEHR

Meide bekannte Downhill-Trails. Entgegenkommende Biker haben E-MTBler im Uphill Flow nicht auf dem Schirm. Achte aber auch bei allen anderen Uphills besonders auf Gegenverkehr.

### 6. BLEIB AUF DEM TRAIL

Abstecher über Almwiesen oder mitten durchs Geröll sind tabu. Vermeide auch eingefahrene Abkürzerlinien. No Shortcuts.

### 7. FAHRE NICHT BEI DUNKELHEIT

Night Rides mögen Spaß machen, aber für Natur und Tiere ist der Trend eine Katastrophe. Also: Überlasst den Wald bei Dunkelheit seinen Bewohnern.

### 8. KEINE BREMSSPUREN

Blockierende Bremsen sind tabu. Sie sind nicht mehr als ein Beweis fahrtechnischen Unvermögens. Der Bremsweg wird länger, das Geräusch erschreckt Wanderer, und die Wege gehen kaputt.

### 9. SEI ZURÜCKHALTEND

Viele Bikes sehen aus wie Motocross-Maschinen, grelle Farben, Protektoren und Helme sorgen zusätzlich für eine martialische Optik. Gleiche das aus durch eine ruhige, freundliche Art, das macht viel wieder gut. Fahre nicht im Pseudo-Wheelie an Wanderern und Biobikern vorbei, und überlege dir, ob du wirklich einen Vollvisierhelm brauchst. Mache dich rechtzeitig durch Klingeln bemerkbar, schalte beim Überholen lieber in eine niedrige Unterstützungsstufe, und bedanke dich bei denen, die dir Platz gemacht haben.

### 10. NIMM DEIN ZEUG WIEDER MIT

Natürlich müssen wir essen und trinken, wenn wir längere Zeit mit dem E-MTB unterwegs sind. Dazu haben wir Proviant im Rucksack – und einen sogenannten Drecksack, in dem wir den ganzen Müll wieder mit ins Tal nehmen und dort sachgerecht entsorgen. Bananenschalen, Schokoladenpapier und Plastikflaschen werden nicht in freier Natur entsorgt.

SMART SAM

»
DER MOTOR VERWANDELT DIE BERGAUFFAHRT MIT DEM E-MTB VON REINER QUAL ZUM PUREN GENUSS.
«

## DANKE!

Radfahren ist Teamsport. Selbst der talentierteste und konditionsstärkste Rennfahrer könnte niemals die Tour de France gewinnen, wenn er nicht ein schlagkräftiges Team hinter sich hätte.

Der Erfolg hat viele Väter und Mütter. Genauso ist das bei einem solch umfangreichen Druckwerk. Deshalb möchte ich mich bedanken bei den vielen Mitwirkenden. An erster Stelle bei meiner Lektorin Steffi Jaeschke für ihre fast grenzenlose Geduld, ihr stets offenes Ohr und die viele Organisationsarbeit im Hintergrund. Dank gebührt ebenso unserem Grafiker Felix Kempf, der mit seiner Gestaltung maßgeblich dafür gesorgt hat, dass Sie als Leserin und Leser bis hier – zur fast letzten Seite – geblättert haben. An seinem Umgang mit Fotos können sich viele seiner Kollegen ein Beispiel nehmen.

Dank gilt aber auch meinen Mitautoren. Zum Beispiel Peter Barzel, der wichtigen Input für das Motorenkapitel geliefert hat. Und natürlich meinem Freund und Kollegen Gunnar Fehlau. Der ist nicht nur ungekrönter Overnighter-König, sondern auch Gründer und Inhaber des Pressedienstes Fahrrad (pd-f), ohne den dieses Buch nicht so geworden wäre, wie es ist. Deshalb geht der Dank an das gesamte pd-f-Team, das mich mit Informationen, Testmaterial und Fotos versorgt hat: Arne Bischoff, Bernd Bohle, Alex Giebler, Thomas Geisler und H. David Kossmann.

Und dann sind da noch die fleißigen Menschen in den Presseabteilungen der Fahrradbranche, die mich mit Fotos, Informationen und Testmaterial beliefert haben.

Ganz zum Schluss will ich mich noch bei meiner Familie bedanken, die meine Fahrradliebhaberei mitträgt, mitlebt und unterstützt. Testbikes müssen aus- und eingepackt werden, zusammengebaut, zerlegt und geputzt. Und natürlich auch fotografiert. Was gibt es Flexibleres, als die Fotofahrer in der eigenen Familie zu haben. Und wenn die partout keine Zeit haben, gibt es ja auch noch spontane Nachbarn wie den lieben Peter von Wartenberg.

## MARTIN HÄUSSERMANN

Zahnräder prägen sein Leben. Der bekennende Schwabe Martin Häußermann, Jahrgang 1960, lernte zunächst bei der Porsche AG den Beruf des Industriekaufmanns und studierte anschließend Betriebswirtschaft an der VWA in Stuttgart. Seit 1989 arbeitet er hauptberuflich als Journalist und Fotograf unter anderem mit Stationen bei der Deutschen Presseagentur *dpa* und der *Motorpresse Stuttgart*. Seit 2001 lebt und arbeitet er in Gerlingen vor den Toren Stuttgarts.

Mobilität auf zwei und vier Rädern ist für Martin Häußermann ein wichtiger Themenschwerpunkt. Dem Fahrrad ist er schon seit seiner Jugend verbunden, zunächst als einzig zugängliches Individualverkehrsmittel, später auch als Sportgerät. Das Rennrad von Albuch Kotter, mit dem er seinen ersten Triathlon bestritten hat, ist inzwischen wieder restauriert und fahrbereit. Es belegt mit einigen Mountainbikes, einem E-Trekkingbike und einem E-MTB sowie den zahlreichen Fahrrädern der anderen Familienmitglieder die heimische Garage. Von den Testbikes wollen wir gar nicht reden. Sportliche Höchstleistungen auf dem Rad sucht der Autor längst nicht mehr. Doch hat er Geschmack am Tourenbiken gefunden, wovon einige Reisegeschichten in diesem Bookazine zeugen. Außerdem nutzt er das E-Bike stark als Alltagsverkehrsmittel und unterstützt deshalb durch mehr oder weniger regelmäßiges Mitradeln die Critical Mass Stuttgart, die sich für mehr Fahrradfreundlichkeit in der Landeshauptstadt engagiert. Eines sollte an dieser Stelle noch gesagt werden: Wer für mehr Fahrradverkehr eintritt, muss noch lange kein Autohasser sein.

CRITICAL MASS

Bibliografische Information der Deutschen Nationalbibliothek
Die Deutsche Nationalbibliothek verzeichnet diese Publikation
in der Deutschen Nationalbibliografie; detaillierte bibliografische
Daten sind im Internet über http://dnb.dnb.de abrufbar.

1. Auflage
ISBN 978-3-667-11841-7


Lektorat: Stephanie Jaeschke
Umschlaggestaltung und Layout: Felix Kempf, www.fx68.de
Abbildungsnachweis: Alle Fotos von Martin Häußermann
und den Herstellern mit Ausnahme von:
Umschlag: www.r-m.de / pd-f
Seite 4/5: www.pd-f.de / Florian Schuh; Seite 6/7: www.flyer-bikes.com / pd-f;
Seite 12: www.pd-f.de / Phil Pham; Seite 29: Brose-ebike.com / pd-f;
Seite 31: www.pd-f.de / Kay Tkatzik; Seite 32: brose-ebikes.com / pd-f;
Seite 41 ff: www.pd-f.de / Luca Gorjup; Seite 44 ff: www.pd-f.de / Luca Gorjup;
Seite 60 f: www.pd-f.de / Luca Gorjup; Seite 65 ff: www.pd-f.de / Luca Gorjup;
Seite 70 rechts oben: www.pinion.eu / pd-f ; Seite 74: Brose-ebike.com/ pd-f;
Seite 81: www.winora.de / pd-f; Seite 82 oben: www.fahrer-berlin.de /
pd-f; Seite 83 oben: www.pd-f.de / Phil Pham; Seite 100: Haibike/Spencer
Philips; Seite 103: www.sportimport.de / pd-f (das ist übrigens MTB-Profi Rob
Heran ;-)); Seite 104 oben und unten rechts: www.cosmicsports.de / pd-f;
Seite 104 links unten: www.sks-germany.com /pd-f; Seite 122 Schutzbleche:
www.sks-germany.com / pd-f; Seite 126: www.pd-f.de / Kay Tkatzik;
Seite 127 unten links: www.pd-f.de / Phil Pham; Seite 153 ff: www.pd-f.de /
Andrea Freiermuth
Lithografie: Mohn Media Gütersloh
Druck: optimal media GmbH, Röbel/Müritz
Printed in Germany 2020



Delius Klasing Verlag
Siekerwall 21, D-33602 Bielefeld
Tel.: 0521/559-0, Fax: 0521/559-115
E-Mail: info@delius-klasing.de
www.delius-klasing.de